苦只会苦一阵子 怕就会输一辈子

黄山 编著

国家一级出版社 中国纺织出版社 全国百佳图书出版单位

内 容 提 要

世界上任何一个伟大的事业，都来源于一个追求的梦想和坚持到底的行动，而要实现这一切，都离不开不怕苦的精神，敢想敢闯，并且努力再努力。

这是一本给人力量、促人奋斗的书。它告诉我们，成功的人在大多数人之外，我们只有发现自己，战胜自己，经营自己与众不同的人生，才不会辜负生命的意义，成就辉煌的人生。

图书在版编目（CIP）数据

苦只会苦一阵子，怕就会输一辈子／黄山编著．—北京：中国纺织出版社，2019.7

ISBN 978-7-5180-6043-6

Ⅰ.①苦…　Ⅱ.①黄…　Ⅲ.①人生哲学—通俗读物　Ⅳ.①B821-49

中国版本图书馆CIP数据核字（2019）第051896号

责任编辑：闫　星　特约编辑：王佳新　责任印制：储志伟

中国纺织出版社出版发行

地址：北京市朝阳区百子湾东里A407号楼　邮政编码：100124

销售电话：010—67004422　传真：010—87155801

http：//www.c-textilep.com

E-mail：faxing@c-textilep.com

中国纺织出版社天猫旗舰店

官方微博http：//weibo.com/2119887771

三河市延风印装有限公司印刷　各地新华书店经销

2019年7月第1版第1次印刷

开本：880×1230　1/32　印张：6

字数：148千字　定价：39.80元

前言

曾几何时，当夜幕降临、夜深人静时，你可曾静下心来思考过：你对现今的工作和生活满意吗？你曾经的梦想是什么？你是否羡慕他人的人生？你希望改变现状吗？

对于这些问题，可能不少人的回答是：现在的生活不是我想要的，我也有自己的理想，我想改变现状。随着时间的流逝，真正实现目标的人又有多少？我们不得不说，失败者居多、庸庸碌碌者居多，成功者寥寥无几，这是为什么呢？什么能帮助我们敲开成功之门呢？

毫无疑问，是奋斗，是吃苦，是努力，是不断地倾注热情，也就是说，如果你想收获，就别在吃苦的年纪选择安逸，苦只会苦一阵子，怕你就会输一辈子，只有为此付出艰巨的努力，你才会获得一把照亮前程的火炬。

唯一蝉联三次世界冠军的天才教练蓝柏第有一次说："任何一位顶天立地、有作为的人，不管怎样，一定会感谢刻苦的工作与训练，一定会衷心向往训练的机会。"

德国大作家歌德说过："人们在那里高谈阔论着天气和灵感之类的东西，我却像打金锁链那样苦心劳动着，把一个个小环节非常合适地连接起来。"

我们每个人都要明白，世界上没有任何一件有价值的东西可以不通过辛勤劳动就获得，不吝惜自己汗水的人，才会有丰厚的收获。

我们可以说，在这个世界上，唯一不会辜负我们的，就是努力，它能让平凡的人和天才站在同一起跑线上奔跑，甚至超越天才，率先到达成功的终点。奋斗使一个人更充实、更崇高，它不只是帮助你获取工作、积累财富，还会真正影响你的内在，帮助你开发自己的能力，更好地利用自己的潜能，成为一个真正的胜利者。

可能一些人会问，我已经努力了，为什么还失败了呢？那么，你可曾反问自己，我真的做到百分之百的努力了吗？要知道，努力并且是持续地努力非常重要。必须付出“不亚于任何人的努力”，否则就无法在严酷的竞争中立足，而且这种努力不是一时的，必须是持续不断、永无止境的。正如日本京瓷公司创始人曾说的：“所谓已经不行了，已经无能为力了，只不过是过程中的事，竭尽全力直到极限就一定能成功。”

生活中的人们，可能现在的你衣食无忧，可能你还有某些特长，可能你会有个灿烂的未来，但你不能就此停滞不前，激烈的竞争要求你必须不断进步，而求知与不满足是进步的第一必需品。生命有限，维系成功的唯一法门在于不断地努力，在新的方向不断探寻、适应以及成长，这样，你才会步入新的高度。

也有一些人说，我不知道从何开始努力，不知道从何入手，找不到方向，这就是本书编写的目的。本书就是一本让你找到方向和力量的书，它并不以空洞的激励为主，而是贴近生活，贴近心灵，帮助人们在竞争的社会中找到自己的位置、唤醒自己的梦想，事实上，不管我们愿不愿意承认，这个世界永远都在变化，也许，在明天的社会，不再是你我熟悉的生存法则，我们唯有不断改变自己，适应这种变化，并不断奋斗，才能用全新的自己，去拥抱不确定的明天。相信阅读完本书，你会获得力量，找到奋斗的方向，最终驾驭自己的人生，实现自己的人生价值！

编著者

2018年6月

目录

第01章

人生虽有苦和难，却绝不能失去希望和志向

生活中，我们每个人都在渴望着成功，然而成功并不是一条风和日丽的坦途，很多时候，成功的门都是虚掩着的，要叩开成功之门，首先就需要我们有志向、有野心。那些平凡的人之所以没有大的成就，就是因为他们太容易满足而不求进取，他们一生只会盲目地工作，挣取足够温饱的薪金。只有进取人才会进步，才会获得荣誉，证明自己。为此，从现在开始，不妨具备一点野心吧，有了获胜的念头，才有可能获胜，一个没有胜利欲望的人，又怎么可能获得胜利呢？

任何时候都不要放弃志向和自己的希望

从古至今，大凡成功者，无不具备一项品质，那就是不会被打到的意志力。他们总是满怀希望，因此，即使他们跌倒了，他们还是会爬起来，跌倒一百次，他们会爬起来一百次，终有一天，他们取得了胜利的果实。每件存在的事物在开始时只不过是一个想法，“不可能”背后隐藏的巨大成功，只青睐那些充满激情、意志坚定的人。失误、失败并不可怕，关键在于如何从失败中奋起，反败为胜，只要你坚持下去，不可能也会变为可能。

所以，我们每个人都应该记住，任何时候都不要放弃志向和自己的希望，哪怕处于人生的绝境中，你只要抱有希望，就能绝处逢生。

1906年11月，本田宗一郎出生于日本荒僻的兵库县的一个贫穷家庭。由于家庭贫穷，9个孩子中有5个因营养不良而早夭。

本田在上学的时候非常喜欢逃课，这让他的父亲伤透了脑筋。用本田自己的话说，“那种正规的教育真是让人厌恶！”但是，对于学校的实验课，他非常喜欢，所以他经常逃课去别的班级上他们的实验课。早期的这种富于探索的精神，为他以后的事业奠定了良好的基础。

后来，本田创立了自己的摩托车制造公司。当时摩托车行业已经快要趋于饱和了，但是他没有畏惧，依然硬着脑袋挤了进去。在5年内，他打败了250个竞争对手，实现了儿时的制造更先进的摩托车的梦想。当然，这期间，他也经历了一系列失败。

当本田成功的时候，他说："回首我的工作，我感到我除了犯错误，一系列失败、一系列后悔外什么也没有做。但是有一点使我很自豪——虽然我接连犯错误，但这些错误和失败都不是出于同一原因。这使我在失败中学到了很多东西。"

本田总结道："企业家必须善于瞄准不可能的目标和拥有失败的自由。"这句话言简意赅地阐明了做大事的人所必须拥有的心态，对很多人产生了深远的影响。

本田的成功经历告诉我们，人生没有一帆风顺的，经历一些挫折和失败并不可怕，可怕的是因为害怕而放弃了希望。只有那些把挫折和失败当成动力并能从中学到一些东西的人，才会接近成功。因为积极的心态是事业成功的奠基石，未来的路我们谁都无法预料，我们能做的就是放平心态，锁紧目标，攻克形形色色的困难。

世界上没有事情是不可能的，如果你有成就事业的强烈愿望，你就已经成功了一半，剩下的就是用你的心去实现它了。

她从小就“与众不同”，因为患了小儿麻痹症，不要说像其他孩子那样欢快地跳跃奔跑，就连平常走路都做不到。寸步难行的她非常悲观和忧郁，当医生教她做一点运动，说这可能对她恢复健康有益时，她就像没有听到一般。随着年龄的增长，她的忧郁和自卑感越来越重，甚至，她拒绝所有人的靠近。但也有个例外，邻居家那个只有一条胳膊的老人成为了她的好伙伴。老人是在一场战争中失去一条胳膊的，老人非常乐观，她非常喜欢听老人讲故事。

这天，老人用轮椅推着她去附近的一所幼儿园，操场上孩子们动听的歌声吸引了他们。当一首歌唱完时，老人说道：“我们为他们鼓掌吧！”她吃惊地看着老人，问道：“我的胳膊动不了，你只有一只胳膊，怎么鼓掌啊？”老人对她笑了笑，解开衬衣扣子，露出胸膛，用手掌拍起了胸膛……

那天晚上，她让父亲写了一张纸条，贴在墙上，上面是这样的一行字：“一只巴掌也能拍响。”从那之后，她开始配合医生做运动，无论多么艰难和痛苦，她都咬牙坚持着。有一点进步了，她又以更积极的心态，追求更大的进步。甚至在父母不在时，她自己扔开支架，试着走路，蜕变的痛苦是牵扯到筋骨的。她坚持着，她相信自己能够像其他孩子一样行走，奔跑，她要行走，她要奔跑……

11岁时，她终于扔掉了支架，向另一个更高的目标努力着，她开始联系打篮球和参加田径运动。

1960年罗马奥运会女子100米跑决赛，当她以11秒18第一个撞线后，掌声雷动，人们都站起来为她喝彩，齐声欢呼着这个美国黑人的名字：威尔玛·鲁道夫。

那一届奥运会上，威尔玛·鲁道夫成为了当时世界上跑得最快的女人，她共摘取了3枚金牌，也是第一个成为奥运女子百米冠军的黑人。

威尔玛·鲁道夫的故事告诉所有人，任何时候都不要放弃希望，哪怕只剩下一条胳膊，也可以为生命喝彩；任何时候都不要放弃梦想，要说成功有什么秘诀的话，那就是坚持，坚持，再坚持！当我们面临考验之际，往往会以为已经到了绝境，但此时，不妨静下心来想一想，难道真的没有机会了吗？当然不，只要你满怀希望，你就会发现，你正在经受的只是一个考验，考验过去就是光明，就是成功。

许多时候，成功者与平庸者的区别，不在于才能的高低，而在于有没有勇气。有足够勇气的人可以过关斩将，勇往直前，平庸者则只能畏首畏尾，知难而退。爱默生说：“除自己以外，没有人能哄骗你离开最后的成功。”柯瑞斯也说过：“命运只帮助勇敢的人。”

当然，要想摆脱困境，还需要你作好计划，加以实施。拿破仑曾经说过：“想得好是聪明，计划得好更聪明，做得好是最聪明又最好！”任何伟大的目标、伟大的计划，最终必然要落实到行动上，成功开始于明确的目标，成功开始于心态，但这只相当于给你的赛车加满了油。弄清了前进的方向和路线，要抵达目的地，还得把车开动起来，并保持足够的动力。

不管你决定做什么，不管你为自己的人生设定了多少个目标，决定你能否成功的永远是你自己的行动。只有行动才能赋予生命力量，只有你的行动，才能决定你的价值。

运气不好，只是不努力的借口而已

生活中，我们常常把运气挂在嘴边，不管什么事情，都以运气的好坏作为总结。其实，运气实在是一种看不到摸不着的东西，如果把成功失败都归结于运气，的确有些牵强。和运气相对的，我们也常常说命运掌握在每个人自己的手中。乍看起来，这两句话似乎是相互矛盾的，实际上，人的运气并不是迷信所说的先天注定，而是包含了很多人为的因素。例如，当一个人把失意归咎于运气不好时，其实是他忽视了很多总是好运相伴的人身上都有的一些特质，诸如乐观开朗，积极向上，与人为善，乐于助人，真诚善良，等等。相反，如果一个人总是消极绝望，自己从不努力，却整日哀叹运气不好，或者非常小气，从来不帮助别人，总是事不关己，高高挂起，不愿意向弱者伸出援手，那么，他很难结交好运。说到这里，细心的人会发现，好运原来是自己带给自己的，运气不好，也往往是自己导致的。

盲目迷信命运的人，往往缺乏奋斗的激情，因为他们相信一切皆是命中注定。既然努力也无法改变命运，谁还会去抗争呢？让人欣慰的是，在现代社会上，这样的宿命论者已经越来越少。更多的人发现，命运掌握在我们自己手中，最终拥有什么样的人生，完全取决于我们自身的努力。举个最简单的例子，即使命中注定你能考上大学，如果你高中三年每天打游戏，彻夜不眠地鬼混日子，你还能考上吗？即使老师说你天资愚笨，只要你非常勤奋努力，那么，在大学如此普及的今天，你也能考上一个不错的大学。所以，不管我们在生活中遇到了怎样的坎坷和挫折，永远不要把此刻的窘境归结于命运，否则你就会丧失斗志，再也没有勇气去面对生活。试问，谁的人生能一帆风顺呢？越是伟大的人，他们的人生就越多坎坷。他们之所以能够名留青史，正是因为他们勇敢地与命运抗争，把握了自己的人生。虽然我们都是平凡人，但是我们也要学习这种不甘于命运的精神，走出属于自己的人生之路。

小镇上有个男孩，他家非常贫穷。为了给自己凑够学费，他不得不利用假期挨家挨户地推销商品。他已经推销一整天了，但是毫无收获，他又累又饿，还很冷，然而，他身无分文。他鼓足勇气敲开眼前的一扇门，门开了，一位年轻美丽的姑娘站在门口。突然，男孩不知道自己应该说什么。犹豫了片刻，他磕磕巴巴地问："您好，能给我一口水喝吗？"姑娘看出了男孩很饿，也很冷，让他稍等一会儿。转眼的功夫，姑娘回来了，端着一大杯热牛奶。男孩一口一口地喝着牛奶，喝完之后问："我应该付您多少钱？"姑娘笑着说："您不用付钱。我妈妈说，赠人玫瑰，手有余香。"男孩满怀感激地说："非常感谢您的好心，谢谢您！"说完，男孩深深地冲姑娘鞠了个躬，转身离开了。他觉得自己很温暖，似乎看到了人生的希望。

多年以后，那个已经成长为妇人的姑娘得了一种怪病，不得不转诊到大城市。专家会诊之后，为她制订了治疗方案。如今，那个饥寒交迫的男孩已经成为著名的医生了。参加会诊的时候，当看到病人来自哪里的时候，他的心中一颤。他赶紧去病房，果然，病床上躺着那位当年赠予他一杯热牛奶的女子，他决定不惜一切代价治好她。从此之后，他想尽办法治疗她的病，并且默默地支付了高昂的医药费。

康复之后的她，当看到医药费通知单的时候，害怕地闭上了眼睛。为了治病，她已经负债累累，她根本无力负担高昂的手术和治疗费用了。然而，当她鼓足勇气看医药费通知单时，不由得惊呆了。原来，医药费通知单上赫然写着："医药费：一杯牛奶。霍华德·凯利医生。”

也许有人会说，那个姑娘运气真好，用一杯热牛奶，支付了足以使她倾家荡产的医药费。其实，不是她的运气好，而是她为自己创造了好运。如果不是她当初那么善良，端了一杯热牛奶给男孩，又怎么会有这样的偶遇和惊人的际遇呢？男孩也非常值得我们敬佩，他虽然家境贫穷，却毫不气馁，利用节假日上门推销商品，为自己挣学费。正是因为有这样的精神，他才能成为著名的医生，最终有机会报答自己的恩人。

赠人玫瑰，手有余香。如果想让自己的生活充满美好，充满好运，我们首先要调整自己的心态，成为一个善良的、助人为乐的人。同住地球村，相识皆是缘分，假如我们也能像那个小姑娘一样真诚友善，相信我们的人生也会有一路花香相伴。假如我们和男孩一样遇到困难毫不气馁，始终坚持，我们最终也能够获得属于自己的成功。

不断开拓，进取心比起点更重要

生于社会中的人，都有着自己的梦想，都幻想着自己成功的无数可能，然而，面对手头卑微的工作，他们总是抱怨自己生不逢时，没有高学历、没有资本、没有贵人相助……殊不知，成功人士何尝不是从基层做起的呢？现在的强者，何尝不是曾经的弱者？

起点低并不重要，重要的是你有没有进取心，如果你毫无野心、做一天和尚撞一天钟，那么，你永远只会庸庸碌碌、毫无成就。进取心是人类聪明的源泉，它是威力最强大的引擎，是决定我们成就的标杆，是生命的活力之源。美国迪斯尼乐园的创始人沃尔特·迪斯尼说：做人如果不继续成长，就会开始走向死亡。齐白石到93岁才画了600幅画，歌德到80岁的时候才写出世界名著，因此，进取是没有止境的，任何人都不能安于现状，而需要不断地开拓新的领域。

早川德次是日本著名的早川电机公司的董事长，这家公司因为生产著名的夏普电视机而闻名于世，而早川德次却是一个命运坎坷的人。在小学二年级时，他的父亲就去世了，他不得不去一家首饰加工店当童工。

早川是个坚强的人，在他很小的时候，他就告诉自己："即使我没有疼爱我的长辈，我也一定要努力生活，做出一番成绩来。"

童工生活是辛苦的，他在首饰店每天的工作除了烧饭带孩子就是干一些体力活。时间过得很快，一晃四年过去了，有一次，小早川终于鼓起勇气向老板提出："老板，请您教我一些做首饰的手工好吗？"

老板一听，生气地对他说：“小孩子，你能干什么呢？你喜欢学的话，自己去学好了！”

早川一想，是啊，为什么要靠别人，自己去学吧，于是，从那以后，他开始留心店里的技术活，尤其是当老板找他帮忙时，他都尽量多看、多想，就这样，他终于靠自己的努力学到了一些关于工作上的知识和技能。

功夫不负有心人，他成为了一个心灵手巧的人，18岁他就发明了裤带用的金属夹子，22岁时发明了自动笔。他有了发明，老板便资助他开了一家小工厂。

这种自动笔很受大众喜爱，风行一时。世界没有给他任何东西，他却给世界很多。30岁时，他在赚到1000万日元以后，就把目标转向收音机界，设立了平川电机公司。

早川德次为什么能够成功？因为他有梦想，也能够从零学起，能把梦想归于实践。大多数人并不是命里注定不能成为大人物，而是他们从来没有想过成为那样伟大的人物！是想要，还是一定要？一个人“不是一定要”的时候，连小石头都可挡住他的去路；但是，对于“一定要”的人来说，再大的障碍都挡不住他前行的脚步！

所以，想法决定活法，即便你起点低，人生也总是充满无限的可能，而且，几乎所有的成功人士，刚开始所从事的工作都是卑微的，甚至是烦琐的，无聊的，但他们从不忘积聚自己的实力，在长久的努力中，厚积薄发，实现梦想。

20世纪30年代，英国一个不出名的小镇里，有一个叫玛格丽特的小姑娘，自小就受到严格的家庭教育。父亲经常向她灌输这样的观点：无论做什么事情都要力争一流，永远做在别人前头，而不能落后于人。即使是坐公共汽车，你也要永远坐在前排。

正是因为从小就受到父亲的“残酷”教育，玛格丽特才培养了积极向上的决心和信心。在以后的学习、生活和工作中，她时时牢记父亲的教导，总是抱着一往无前的精神和必胜的信念，尽自己最大努力克服一切困难，做好每一件事情，事事必争一流，以自己的行动实践着“永远坐在前排”的理念。

玛丽格丽特上大学时，学校要求学五年的拉丁文课程。她凭着自己顽强的毅力和拼搏精神，硬是在一年内将课程全部学完了。令人难以置信的是，她的考试成绩竟然名列前茅。

其实，玛格丽特不光是在学业上出类拔萃，她在体育、音乐、演讲及学校的其他活动方面也都一直走在前列，是学生中的佼佼者之一。当年她所在学校的校长评价她说：“她无疑是我们建校以来最优秀的学生，她总是雄心勃勃，每件事情都做得很出色。”

正因为如此，四十多年以后，英国乃至整个欧洲政坛上才出现了一颗耀眼的明星，她就是连续四年当选保守党领袖，并于

1979年成为英国第一位女首相，雄踞政坛长达11年之久，被世界政坛誉为“铁娘子”的玛格丽特·撒切尔夫人。

从这个故事中，我们可以发现，一个人的行动是受理想支配的，一个人，只要积极向上、朝着自己的梦想和目标奋进，即便当下做着再卑微的工作，他也始终会有成功的一天。为此，生活中的人们，你们也要大胆地编织自己的梦想，让自己的理想超前一些，你的行动就会领先一步，你才能找到学习的动力。心存梦想、力争上游的人，他的每一天都是积极的，长此以往，必定有不凡的成就。

进取心塑造了一个人的灵魂。每个人所能达到的人生高度，无不始于一种内心的状态。任何一个人，无论你现在做什么工作，起点有多低，都要力求更好，时时努力超越自己。希望和欲念是生命不竭的原因所在，记住，无论在什么样的境况中，你都必须有继续前行的信心和勇气，生命的闪光之处在于永远不放弃。

做人，就要敢于折腾

发自内心地说，人们并不喜欢那些特别折腾的人，总觉得原本安静的人生似乎被他们折腾得不那么安静了。殊不知，人生要想有所改变，就是要生命不息，折腾不止。细心的人会发现，大多数成功者，都是喜欢折腾的人，最终他们也的确改变了人生，创造了人生的成功和奇迹。从本质上来说，折腾并非没事找事，而是生命的本质，是对人生积极乐观的态度，是能够打破一个旧世界创造一个新世界的决绝勇气。一个人只有敢于折腾，善于折腾，才会更加富有吸引力，富于人格魅力，才能不断进步，不断进取。

毋庸置疑，生活往往是平淡如水的，也经常因为生活的困顿，我们就如同被囚禁在死水中的鱼一样，变得奄奄一息。有多少男人和女人出轨是因为生活的平淡和呆板，有多少人突然坚决地辞掉工作，也是因为生活的死气沉沉。不管什么时候，我们都要学会面对人生的磨难，也要有勇气打破生活的一成不变。我们必须记住，唯有充满自信地昂首向前，才能更加接近成功。要知道，懦弱的人才会始终碌碌无为，永远被生活裹挟着朝前走。相反，积极的人则会满怀热情，不停地开拓进取，积极创新。

说起折腾，很多人都特别困惑，因为他们不知道折腾的意义何在。实际上，折腾就是拥有远大的志向，竭尽所能，不断攀登人生的高峰；折腾就是打破常规，独辟蹊径，从而找到更新更好的生活方法和工作途径。

大学毕业后，乔乔回到了家乡小县城，去到一所村小工作。菁菁呢，则背起行囊去了遥远的大城市，开始打拼的日子。转眼之间，几年过去了，乔乔已经在他人介绍下找到了男朋友，结婚生子，在县城买了一套房子。她的丈夫和她在同一所学校工作，他们在远离县城四五十里路的村小有宿舍，平日里就住在学校，只有周末才回县城的房子。他们的日子就是两点一线，学校和县城的家，这样不停地往返，来回奔波。

菁菁呢，在大城市还没有安家，因为大城市的房子很贵，她也没有找到合适的另一半，依然形只影单。所以，她有的时候难免羡慕乔乔的安稳，但是一想到乔乔生活的半径那么小，而自己虽然在大城市还没有太大的收获，却收获了眼界，又突然觉得自己的生活更好。光阴荏苒，转眼之间，又是十年，这十年，是人生中最宝贵的时间，再看看乔乔，数十年如一日，生活毫无变化。菁菁呢，已然买房，结婚生子，在大城市有了一份安稳的生活和工作，俨然是人生赢家。尤其是当菁菁家的老大和乔乔家同岁的老二遇到一起时，两个孩子之间的差距更是明显。就连乔乔老公都感慨地说："到底是大城市的孩子，真是大方，而且知识面广，什么都懂。"这时，菁菁未免庆醒自己的选择。因为她打好了基础，她的后代以后就是大城市里土生土长的孩子，起点必然比家里的孩子高了很多。仅就这一点，她就觉得一切都是值得的。看着菁菁俨然都市白领的模样，乔乔心里有些酸涩，说："哎，看着你们的日子，我觉得自己半辈子都白活了。我就是学校和家两点一线，人生如同空白……"

做人是需要有雄心的，如果没有雄心，就注定了一生碌碌无为，非常平庸。当然，有雄心也未必就能够成功，但是最起码雄心能帮助我们的人生不断腾飞，哪怕失败了，也因为有了开始，而为人生积累了更加丰富的经验和阅历。所以朋友们，任何时候都不要自甘平庸，哪怕命运对于我们没有特殊的眷顾，我们也要不遗余力勇往直前。唯有如此，我们才会实现属于我们的精彩与辉煌。

有规划的人生，才能秩序井然

在漫长的人生路上，很少有人能够一帆风顺，大多数人，都会遇到或多或少的坎坷和障碍。其实，从先天的角度而言，人与人之间的差别并不大，很多人的先天条件都是差不多的。之所以有些人大获成功，有些人却接二连三地遭遇失败，导致一生都无法成功改变命运，就在于后者先天的诸多优秀品质和能力，都被后来遭遇挫折与磨难时的灰心、沮丧、绝望、退缩和怯懦等打败。假如人人面对苦难时都能像真正的强者那样不畏艰难，勇往直前，那么人生也许就会得到更多的机遇，也能更加接近成功。

毫无疑问，人生是需要规划的。没有规划的人生必然混乱不堪。唯有规划清楚的人生，才能秩序井然。在遇到突发状况时，才能从容坦然，冷静理智地面对。当然，人生的难题是无法避免的，因为难题就是人生不可或缺的养分之一。但是，我们可以合理地规避人生的阻碍，从而提高自己进步的速度，这样一来，我们的人生自然会与众不同。

古希腊有位著名的哲学家，到了暮年时知道自己时日无多，因而很想帮助他那位朝夕相伴的助手，让助手继承他的伟大思想。一天，他把助手喊到面前，说："我老了，我的蜡烛已经快要熄灭，我必须找到另外一根蜡烛，继续我的燃烧。你懂得我的话吗？"

助手接连点头，说："我知道，您的光辉思想不能从此中断，而要继续发扬光大……"

哲学家缓缓地说："但是，必须非常优秀的传承者，才能继承我的思想。他不但要聪明机智，而且要满怀自信，更要具有非凡的勇气，你能去帮我寻找这样的继承者吗？"

助手毫不迟疑地说："我一定不遗余力，完成您的心愿。"

哲学家笑了，从此之后，这位忠心耿耿的助手开始四处为哲学家寻找接班人。他不停地带着他找到的人回来给哲学家看，但是哲学家总是感到不满意。有一次，助手沮丧地来到哲学家面前，告诉哲学家他无功而返，哲学家勉强支撑起身体对他说："很感谢你，但是实际上你找的人根本不如……"不等哲学家把话说完，助手马上表明心迹："您放心，我就算走遍世界的每一个角落，也要为您找到衣钵的继承人。"哲学家无奈地笑着摇摇头，沉默不语。

半年之后，哲学家即将离开人世，但是助手还是没有找到让哲学家满意的人，因而残酷地对哲学家说："我很抱歉，我没有让您满意。"这时候，哲学家真的非常失望，他凝视助手很久才说："其实，我最满意的人是你。但是，你对于自己始终没有信心，你丢失了自己，这是你无论花费多长时间、走多少路，都无法找回来的。"就这样，哲学家带着遗憾离开人世，而那位助手则带着懊悔度过了下半生。

这位助手丢失了自己，而且历经辛苦，也没有把自己找回来。虽然他对哲学家忠心耿耿，但是对于自己，他毫无信心，这恰恰是他最大的失败。人生路上，有很多因素会阻碍我们的发展，有些因素是客观的，需要我们努力克服，但是最大的障碍则存在于我们的心里。就像助手一样，假如他在为哲学家寻找衣钵传人的过程中能有那么一秒钟的时间想到自己，他就不会懊悔半生，哲学家也就不会抱憾而终了。

朋友们，我们必须清醒地认识自己，认清楚自己的长处，也要了解自己的短处。唯有如此，我们才能最大限度地扬长避短，发挥自身的独特能力，为自己创造更多的成就。正如古人说的，一叶障目，不见泰山。我们对于自身的忽视和漠视，也恰恰因为我们身在庐山，所以不识庐山真面目。不管什么时候，我们都要为自己擦亮眼睛，从而帮助自己更好地成长、成熟。记住，时代在进步，我们也要用与时俱进的眼光看待自己，从而成就自己。

第02章

现在的苦是为了以后的甜，为梦想付出一百分努力

我们都知道，没有人能随随便便成功，成功需要有较强的意志力，任何一个成功的人，无不是吃了别人所不能吃的苦，因为他们知道，现在吃点苦，以后才能甜，你对自己严格，生活才会对你宽容，功都不想练，却想能够成为赢家，天下有这么好的美事吗？所以，我们需要记住的是，在如今竞争激烈的现代社会，我们无论如何也不要为自己找懈怠的理由，而应该勤奋努力，朝更高的目标奋进。

勤奋才是通往成功的唯一坦途

生活中，我们大部分人都有满腔抱负，希望可以一展拳脚，实现自己的理想。但现实告诉我们，必须要从最基础的工作做起。这对于一些心浮气躁的人来说，无疑是更高层面的挑战。世界上的事情就是这样，成功需要勤奋，同样，生活中的人们，追求成功的路上，你必须要勤奋，勤奋才是通往成功的唯一坦途。

现代社会，知识改变命运这个道理早已毋庸置疑，时代正在急速发展，各种技术日新月异，这也对生活在这个时代的人提出了新的学习要求，但无论何时，勤奋永远是我们应该摆在第一位的工作和学习态度。即使你在学生时代并不显眼，只要你步入社会后仍然勤勉踏实地自觉学习的话，往往就会有长足的进步。因为学校里学的东西是十分有限的，在工作和生活中所需要的相当多的知识与技能，完全要靠我们在实践中边学边摸索。

为此，我们都要坚持不懈地专注于手上的工作，世界上许多伟大的事业都是由点点滴滴的细节小事汇集而成的。在小节上能够表现好的人，在成功之路上也一定会少许多漏洞。相反，一个人如果不能关注细节问题，往往会因小失大，自毁前程。完美的细节代表着永不懈怠的处世风格，也是一个人追求成功的资本。

美国南北战争期间，有很多人和洛克菲勒一样投入到挖掘财富宝藏的大潮中，最后，洛克菲勒成功了，很多人却失败了。机会都是平等的，那么为什么会产生不同的结果呢？“为什么我能抓住机会成为巨富，而很多人却与机会擦肩而过、不得不与贫困为伍呢？难道真的像诋毁我的人所说，是因为我贪得无厌吗？”

洛克说：“不！是勤奋！机会只留给勤奋的人！自我年少时，我就笃信一条成功法则：财富是意外之物，是勤奋工作的副产品。每个目标的达成都来自于勤奋的思考与勤奋的行动，实现财富梦想也依然如此。”

在后来对子女的教育过程中，洛克菲勒依然笃信这一信念。他曾经在给约翰的信中这样说，“约翰，我能取得巨额财富，不过是因为比常人更努力。我原本就是个平常得不能再平常的人，我没有经济基础，但我以顽强的毅力、辛勤的耕耘，孜孜以求，终于功成名就。”

刚刚参加工作的洛克菲勒就职于休伊特-塔特尔公司，那时他还是簿记员，但尽管是最简单的工作，他也完成得非常好，并获得了老板的认可，他永远记得老板当时对他的鼓励：“你一定会成功，以你这非凡的毅力。尽管我不知道将来会是什么样子，但有一点我相信，只要你用心去干一件事，你决不会失败。”

洛克菲勒是个从不停止奋斗的人，即使年逾古稀的他还拼杀于商海中，他相信只有奋斗才能让自己的生命不息。

的确，正如洛克菲勒所说，勤奋能修炼人的品质，更能培养人的能力。在这个无限变幻的世界中，没有永远的贵族，也没有永远的穷人。要想获得财富，唯一的、正确的方式就是勤奋。一切尊贵和荣誉都必须靠自己的创造去获取，这样的尊贵和荣誉才能长久。

在哈佛有一句名言：“请享受无法回避的痛苦，比别人更早更勤奋地努力，才能尝到成功的滋味。”自古以来，许多卓有成就的人，大多是抱着不屈不饶的精神，在忍耐枯燥与痛苦之后，从逆境中奋斗挣扎过来的。

有人问石油大王洛克菲勒：“成功的秘诀是什么？”对此，他有两句座右铭，一句是“你要不是赢家你就是在自暴自弃”，一句是“勤奋出贵族”。

我们不难发现，在我们生活的这个社会，有很多富家子弟，他们生活骄奢淫逸、好逸恶劳、挥霍无度，以至虽在富裕的环境中长大，却不免在贫困中死去。也有一些满怀理想的人，在为梦想奋斗的过程中，做不到一步一个脚印，每天朝目标迈一步，经常三分钟热度，做不到持之以恒。要知道，任何事情的成功都不是一蹴而就的，需要我们作出一点一滴的付出。小事成就大事，在每件小事上认真的人，做大事一定成绩卓越。

为此，我们需要做到：

1.紧紧抓住时间骏马的缰绳

只有最充分地利用好当前的时间，才不会有“白首方悔读书迟”的遗憾。伤逝流年，好像是在珍惜时间，其实是在浪费今日的生命，也不要沉浸在对未来美好的向往中而放松了眼前的努力。山上风景再好，如不一步一步地努力攀登，是永远不会登上“险峰”而一览“无限风光”的。

2.科学地安排好时间

学习与巩固双管齐下，学习就会事半功倍。还要掌握时间的优势，用头脑最清晰、效率最高的时间做最重要的事情，俗话说“好钢用在刀刃上”，在时间的安排上亦是如此。

3.必须要克服重重困难

学习也好比是一种长征——一种追求知识的长征！一本一本的书，一章一节的知识，如雪山、大河、草地一样需要你去征服。如果你缺乏征服它们的勇气和信心，你就只能站在知识的岸边徘徊、叹息。记住：乌云的上面就是太阳，困难的背后就是胜利！

总之，我们需要记住的是，伟大的成功和辛勤的劳动是成正比的，有一分劳动就有一分收获，日积月累，奇迹就可以创造出来。只有勤奋工作才是最高尚的，才能给人带来真正的幸福和乐趣，勤奋是通往荣誉圣殿的必经之路！

心中有梦，就不怕吃苦受累

生活中的每个人，都有自己的梦想，也都希望梦想成真，希望实现自己的人生目标和人生价值，然而，无论你的目标是什么，梦想有多远大，你都要有勇气，要勇往直前，在这条路上，你不但要拥有毅力和耐心，还要做到放眼未来，坚定必胜的信念，这样一来，你即便再苦、再累，也会勇敢地与困难拼搏，也就一定能有所成就。

人们常说，成大事者，必有坚忍不拔之志，胜利只属于坚持到最后的人。成功的人之所以能够成功，就是因为他们有坚忍不拔的毅力，能看到困境中的希望，并把失败化作无形的动力，从而反败为胜。

我们不能否认一个事实，很多人都经历着种种苦难，遭受着种种挫折和打击，这的确是人生的不幸。可是，人们也惊奇地发现，无数杰出的成功者都是从苦难中走出来的，正是苦难成就了他们，苦难对于他们来说，是上天的一种恩赐。

军事家拿破仑幼时的生活十分清苦。他的父亲是出身科西嘉的贵族，后来家道中落而一贫如洗。但他父亲仍坚持多方筹措费用，把拿破仑送到一所贵族学校去求学。拿破仑破衣蔽履，常被那些贵族子弟欺负和嘲笑。

就这样，拿破仑忍受着那些同学的作威作福，继续求学了5年之久，直到毕业为止。在这5年里，他受尽了同学们的各种欺负凌辱，但每受到一次欺负和凌辱，他的志气就增长一分，他决心要把最后的胜利拿给他们看。

他心里暗自计划，决定好好痛下苦功、充实自己，使自己将来能够获得远在那些纨绔子弟之上的权势、财富和荣誉。因此，当同伴们利用闲暇时间娱乐时，他则独自苦干，把全部精力都放在书本上，希望用知识和他们一争高下。

拿破仑读书有着明确的目的，他专心寻求那些能使他有所成就的书来读。他在孤寂、闷热、严寒中，从不间断地苦学了好几年，单单从各种书籍中摘录下来的文摘，就可印成一部四千多页的巨著了。此外他更把自己当成正在前线指挥作战的总司令，把科西嘉当作双方血战的必争之地，画了一张当地最详细的地图，用极精确的数学方法，计算出各处的距离远近，并标明某地应该怎样防守，某地应该怎样进攻，这种练习，使他的军事能力大大提高。

拿破仑的上级获知了他的才学之后，就将他升任为军事教官。从此，他便逐渐飞黄腾达起来，直到获得全国最高的权势。

拿破仑的成功向人们证明了一点：艰难困苦中是否能崛起，

考验的是你的毅力，压力也会让人产生巨大的潜在力量，所以你要学会挑战自己，淘汰自己，让自己面对困难和挑战，这是你前进的动力。

所以，不怕吃苦的人才会有所成就。在你的人生路上，也许会沼泽遍布，荆棘丛生，也许会山重水复，泥泞不堪，也许，你需要在黑暗中摸索很长时间，才能找寻到光明……但这些都算不了什么，只要你知道自己该干什么，你就应该勇敢地去敲那一扇扇的机会之门。

也许在一些人看来，吃苦受累是失败的表现，诚然，经历苦难是一种痛苦，因为苦难常常会使人走投无路，寸步难行，也常常会使人失去生活的乐趣甚至生存的希望。但目标远大的人，都能看到苦难背后的力量，他们甚至认为吃苦是人生一种重要的体验和千金难买的财富。

格哈德·施罗德出生在一个工人家庭，小时候，父亲在远征苏联的战争中牺牲，施罗德兄妹五人与母亲相依为命。有一段时间里，他们住在一个临时搭建的收容所里，尽管母亲每天工作长达14个小时，但仍然不能支撑家里的开支。年仅6岁的施罗德总是安慰母亲："别着急，妈妈，总有一天我会开着奔驰来接你的。"

逐渐长大的施罗德进了一家瓷器店当学徒，后来又在一家零售店当学徒，1963年施罗德加入了民主党。在之后的10年里，他读完了夜校和中学，后来到格丁根通过上夜大攻读法律。大学毕业后，他获得了律师资格，成为了一名律师，不久之后，他当选为社民党格廷根地区青年社会主义者联合会主席。在以后的日子里，施罗德一直活跃于德国政坛，46岁那年，施罗德再次竞选成功，成为萨克森州州长，就是在这一年，施罗德实现了儿时的愿望，开着银灰色奔驰轿车将母亲接走了。也许，是儿时的苦难记忆，让施罗德在人生的道路上丝毫不敢懈怠，8年之后，施罗德一举击败连续执政16年之久的科尔，当选为德国新总理。

童年时期的施罗德曾在杂货铺里当学徒，那时他常说的一句话是："我一定要从这里走出去！"他成功了，而且，比自己想象中走得更远。虽然，通往成功的路上伴随着困难，但是，施罗德从来没有把困难当成一回事，儿时的记忆让他明白：自己必须忍耐贫穷生活带来的枯燥与痛苦，不断前行，这样才能赢得成功。

我们不得不说，很多人之所以不能迈出人生的关键一步，就是因为每当他们感到有压力的时候，就会一蹶不振，很难把失败的惩罚当作不断前进的新动力。任何一个想要成功的人，首先要学会的就是放眼未来，坚忍不拔，只有超越失败，成功才会与你越来越近。

能摆脱贫穷，本身就是一种成功

在我们的现实生活中，不少人都感叹命运不公，抱怨现在的贫困状态。但我们要知道，天上不会掉馅饼，要改变贫困，唯有努力向前，事实上，很多坐拥财富的成功者，就是从贫穷中走出来的。刚开始时，他们是不折不扣的穷人，但他们吃得起苦、经得起摔打，最终，他们成就了自己的财富王国，所以现在的贫困，是将来奋斗的动力。

英国人霍布代尔是一所中学的一位勤勤恳恳的清洁工，已经在那所学校工作多年。一次偶然的机会，学校新来的校长发现霍布代尔是个文盲，这位校长不能容忍自己的学校中有一个文盲，于是，将他解雇了。霍布代尔痛苦万分，因为，对于他这样一个文盲来说，到哪儿去工作都将面临困难。痛苦中的霍布代尔并没有自暴自弃，他开始思考这样一个问题：我真的一无是处了吗？突然，他高兴起来了，原来他想到了他的手艺——做腊肠。霍布代尔做的腊肠曾深受学校师生的欢迎，基于此，霍布代尔产生了做腊肠生意的念头。他做得很好，几年后，在英国有人不知道莎士比亚，不知道劳斯莱斯，但没有人不知道霍布代尔的腊肠。

在我们身边，有很多和故事中霍布代尔一样的人，他们没有高学历、没有雄厚的资金，他们被别人看不起，但他们能找到自己的长处，然后将之充分发挥出来，最终，他们也获得了别人不曾预料到的成功。

我们要明白的是，不是谁都有个富爸爸，谁都能含着金钥匙出生，我们若想成为富人，必须要摒弃一些纨绔子弟的浮躁心态，因为坐拥金山最终败光家产的人比比皆是。

很多富豪在成功后谈到自己的发家史，都会感谢自己的父母给了自己贫穷，因为贫穷，他们不得不努力，奋斗是他们唯一的出路。贫穷的出身，本来就是对自己的一种磨炼，两千多年前，孟子就有过“天将降大任于斯人也，必先苦其心志，劳其筋骨，饿其体肤”的人生道理，能摆脱贫穷，本身就是一种成功。

日本歌手千昌夫，在兄弟三人之中排行老二，小学三年级时父亲病故，全家人以母亲的积蓄勉强维持生计。但因为实在太穷而无力支付电费，常常被停电，没办法，全家只好靠蜡烛照明。即使现在，每当他看到蜡烛，眼前仍会浮现出当年贫困生活的情景。所以，据说他甚至讨厌看到餐桌上的蜡烛。千昌夫初中毕业升入高中，心里仍旧充满贫困艰辛的感觉，这种感觉，促使他产生渴望获得成功的雄心。高中二年级春假的一天，他独自一人乘夜间列车离家出走，以做歌手为目标直奔东京。之后，拜作曲家远藤实宅为师，历经磨难与痛苦，终于成为如今风靡全国的歌手。

有了立足的事业之后，千昌夫积极投资创业，如今已是一位在夏威夷毛伊岛有一幢豪华饭店的实业家。

古今中外，有着和千昌夫一样故事的人着实很多，他们之所以能成就一番事业、获得财富，就是因为他们能把贫穷当压力，懂得自我拯救，懂得只有靠自己才能改变命运，他们比其他人更能吃苦，更有毅力，最终，他们获得了应有的回报。

古人云："穷且益坚，不坠青云之志。"这句话也是要告诉我们，即使贫穷，也要有坚韧的品质，也要心怀梦想，努力向前。那些已经走出第一步的穷人会发现，自己在困苦之中培养出来的坚韧性格，是一笔可以使用终生的财富。

没有依靠，就靠自己的双手成长起来

现实生活中，有很多衣来伸手、饭来张口的富二代，他们无须努力，就能轻而易举地得到一切。很多富二代在继承家产的同时，也养成了骄奢淫逸的习惯，他们毫无志向，是个典型的败家子。俗话说，富不过三代，就是因为打江山容易，守江山难。对于自己奋斗得到的一切，人们总是更加珍惜；相反，对于轻而易举得到的一切，人们就会满不在乎。归根结底，这一切都是平白无故得到的，生来就习惯了挥金如土的人是不会知道创业艰辛的。

年轻人，也许你的父辈只是面朝黄土背朝天的农民，也许他们只是老实本分凭本事吃饭的工人阶层，无论他们做什么，都不能给予你更多的经济支持。然而，他们给了你生命，给了你健康的身体和健全的智力，这一切就足够了。你，必须靠自己，当你在奋斗过程中饱尝生活艰难的时候，你又何尝没有收获呢？你同样有收获，因为你收获了奋斗的经验，你变得更加顽强，努力向前。没有经验的人生是苍白的，禁不起任何考验，你在奋斗路上收获的经验，就是你最大的财富。

在大仲马已经享誉文坛的时候，小仲马也走上了文学创作的道路。有一段时间，小仲马把自己的作品寄出去，却总是频频碰壁。得知此事后，大仲马劝说儿子："在寄出稿件的时候，如果你能够在自我推荐信里提及你是大仲马的儿子，也许情况就会大为改观。"不想，小仲马当即拒绝了父亲的好意，他说："我想依靠自己的能力摘得苹果，而不想踩着你的肩膀摘下苹果，否则我就感觉不到苹果的甘甜。"为了避免其他人得知他和大仲马的关系，小仲马费尽心思地给自己起了十几个笔名，还都使用了其他的姓氏。如此一来，编辑们再也不会把他和著名的大仲马想到任何联系。接连接到退稿的小仲马从不沮丧，他坚持要以自己的能力获得成功。面对退稿，他从未放弃自己的文学创作之路，而是一如既往地写作、投稿。

等到他终于完成《茶花女》之后，迫不及待地就将它寄给了一位资深编辑。看到作品构思巧妙，文采斐然，这位资深编辑特意查看了作品发出的地址，发现与大仲马的地址完全相同。为此，他坚定不移地相信，这篇出色的长篇小说一定是大仲马另取笔名写作的。然而，让他疑惑的是，这篇小说的风格与大仲马的文风大相径庭。由于和大仲马私交颇深，他不由得特意登门拜访，当面问大仲马："《茶花女》是你的新作吗？文风改变很大啊？"大仲马浑然不知他说的《茶花女》，最终询问小仲马才知道，原来《茶花女》是小仲马的新作。编辑大吃一惊，因为这位年轻人的文学造诣让他刮目相看。惊讶之余，他困惑地问小仲马："你为什么不署真名呢？"小仲马狡黠地笑了笑，说："我只想凭借自己的能力获得认可。"对于小仲马的做法，这位资深编辑连声赞叹。

果不其然，《茶花女》一经出版，就在文坛引起了震撼。法国文坛的诸多评论家全都认为，《茶花女》的价值甚至超过了大仲马的代表作《基督山恩仇记》。从此之后，小仲马和父亲大仲马一样享誉法国文坛，他用自己的实力证明了自己的高度。

如今，有很多年轻人埋怨自己的爸爸无权无势，不能给自己奠定更高的高度。看看小仲马吧，虽然有着大文豪父亲，却为了掩饰这一层关系费尽心机。他说得很对，只有与父亲撇清关系，他才能知道自己的高度。他从不愿踩着父亲的肩膀摘取果实，只想凭借自己的能力证明自己，这一点，非常值得现代的年轻人学习。

年轻人，不要再抱怨自己没有依靠了。也许恰恰是因为没有依靠，你才能更加快速地成长和成熟起来，逼迫自己不遗余力地奔向属于自己的成功。凡事都有两面性，当我们品尝生活的艰辛和奋斗的艰难时，我们也收获了很多宝贵的经验，这就是我们人生之中最值得珍惜的财富。

你不是富二代，这不是遗憾，而是幸运。父母不但给了我们生命，还辛苦地抚育我们长大成人，这就是给予我们最大的馈赠。不管何时，我们都要对父母心怀感激，你人生的高度，完全取决于你努力的程度，一切都是由你自己决定的。

有胆识，有魄力，才能真正做到大刀阔斧

关于成功，每个人都有无数的设想；关于未来，没有人希望它不美好。最重要的是，如何追求美好的未来，如何让自己绮丽的设想变成现实。这一切，都要依靠我们的努力。现实中，有些人的确很努力，却丝毫不见成效。究其原因，是他们处处禁锢自己，没有放开手脚。人们常说做事情之前应该深思熟虑，其实，从某种意义上来说，深思熟虑还不如固执己见。固执己见，尚且能够一门心思、无怨无悔地去做一件事情，深思熟虑，却很容易让人们心中顾虑太多，不敢放开手脚去干。人们常说在发展的道路上应该稳扎稳打，殊不知，过分地稳扎稳打很容易错失良机。

有时候，我们必须像一首歌里唱的那样：妹妹你大胆地往前走啊，往前走，莫回呀头！

人生的确需要稳重，但是人生也需要开阔。开阔豁达的人生，不是我们轻而易举就能拥有的，必须有胆识，有魄力，才能真正做到大刀阔斧。这就像是欣赏词曲，有些人喜欢婉约派，有些人喜欢豪放派，我们的人生，也因为我们各自不同的喜好，变得风格迥异。如何才能放开手脚呢？首先，我们要解除思想上的禁锢。不管做什么事情，一定都是有利有弊的，要想面面俱到，是不可能的。想清楚这一点之后，我们就不会患得患失，既想取得突飞猛进的发展，又担心步子迈得太大摔了跟头。其次，还要拥有开阔的视野，敢想敢干，人们常常说，心有多大，舞台就有多大。如果我们不能首先让自己的内心变得开阔，又如何提升自己的视野，拥有放眼世界的野心呢？

李梅大学毕业后进入了一家工厂工作，没过多久就因为工厂倒闭下岗了。想想自己刚刚大学毕业不久就变成了下岗女工，李梅一气之下，决定自己做生意。思来想去，她看好了旧书生意。事情起源于她大学毕业之前——为了完成论文答辩，她需要找到一本如今已经不再刊印的资料。然而，因为年代久远，那本书在所有的书店都买不到，最终，李梅是在一家废品收购站里无意中看到的。看到这么多珍贵的书籍就这样变成废品，而真正需要它们的人却求之不得，李梅认定：旧书销售一定大有前景。听说女儿要去干和收破烂一样的营生，爸爸妈妈死活不同意：什么收旧书啊，不就是收破烂嘛！尽管爸爸妈妈坚决反对，李梅却不改初衷。

李梅不但从各个废品收购站购买旧书，还自己沿街收购旧书。她自己既是老板也是伙计，虽然亲戚朋友都觉得这个行业没有前景，李梅却坚信自己一定会在旧书市场干出一番事业。收购旧书之后，李梅把旧书分门别类，很多像她一样买旧版资料买不到的人，都会来店里淘旧书。非但如此，她还把人们看过一次两次之后足有九成新的书也收购回来，按照低于新书很多的价格出售。这给爱书人士带来了福音，毕竟，书不是衣服，旧书也同样能够起到传承作用，又能节省大量资金，何乐而不为呢？就这样，李梅把自己的旧书销售做得非常精，分门别类，秩序井然。不但如此，李梅还把自己的旧书店定位准确，主要经营当下热销的金融、财经类书籍。这类专业如今是热门专业，很多人在参加各种资格考试的时候，都要寻找全面的资料。就像去年春节之后，李梅收到了几百本财经类书籍，刚刚开学就被大学生们一抢而空，无须营销，就获得了最好的销售业绩。为了帮助自己拓展销量，增加收入，李梅还在淘宝上开了一家网店，主要经营各类文学名著和财经类的专业著述。不仅如此，李梅还为大学生开展代销业务，很多大学生在写论文或者进行学术研究的时候，需要购买大量资料，但是用过之后，书籍就失去了利用价值。卖废品当然不划算，如果放在李梅的店里代卖，不但可以让需要的人以低廉的价格买到图书，还可以让大学生们回笼一部分资金，去购置其他需要的书籍。

很快，李梅下岗不到一年，就拥有了一家实体店和一家网店。看到李梅现在的事业发展得如火如荼，爸爸妈妈都喜上眉梢，在心里暗暗夸赞李梅有胆识，有魄力，看到了绝大多数人都没有看到的商机。

年轻人不管做什么事情，都应该有自己的主见。就像事例中的李梅，虽然家里人都不同意她开旧书店，但是她打定主意，从沿街叫卖开始，开创了自己的事业。不管事业是大还是小，只要进入良性运转，就有着很大的发展空间，最重要的是，我们应该清楚自己想要什么。

不管做什么事情，都不要畏畏缩缩，畏首畏脑。要知道，只有放开手脚，大展身手，才能无所顾忌地施展拳脚，为自己抢占先机，抢占商机。也只有拥有如此胆识和气魄的人，才有可能得到成功的青睐。

不管做什么事情，都是有得有失的，千万不要患得患失，只需要权衡利弊，清楚自己想要什么。每个人做事情都不可能面面俱到，我们必须大胆地放开手脚，才能激发自己的潜力，让自己一往无前。想要拥有开阔的人生，我们首先要让自己拥有一颗开阔的心。

第03章

别因苦难就放弃，轻易放弃是一切失败的根源

从古至今，大凡成功者，无不具备一项品质，那就是不会被打倒的意志力。他们总是满怀希望，因此，即使身处苦难，他们也绝不放弃，跌倒一百次，他们会爬起来一百次，终有一天，他们取得了胜利的果实。对于任何人而言，每一种创伤，都是一种成熟，无论是成长还是成功，都离不开失败的历练，跌倒了并不可怕，关键是我们要在心中种下希望的种子，只要你满怀希望，然后坚持下去，不可能也会变为可能。

轻易放弃，会中断通往成功的路

人性是有弱点的，诸如无知、贪婪、脆弱、懒散等等。每个人，天生就有优点，有自己的独特优势，也天生自带弱点，常常会因此与很多成功的机会失之交臂。纵观古今中外，那些成功的人，无一不是战胜了人性的弱点、使自己变得强大起来的人。

很多人羡慕他人的成功，并因为自己的一无是处而感到悲哀。殊不知，他们原本也可以无限接近成功，甚至真正获得成功，而放弃，使他们通往成功的道路就此中断。哪个人的成功是一蹴而就的呢？几乎没有任何人的成功是从天而降的，尤其是通往成功的道路上，必然会有很多坎坷和挫折，如果轻而易举就放弃，就会中断成功之路，彻底与成功绝缘。从这个角度来说，说轻易放弃是一切失败的根源毫不为过。不过需要注意的是，这里所说的是轻易放弃，而非放弃，人生，总是有舍也有得的，很多情况下，放弃也是一种得到，是一种对自我的解脱。因而，我们说不要轻易放弃，并非让大家在任何情况下都绝不放弃。事情的发展总是千变万化，我们应该从自身的情况出发，根据事情的现实状况，及时调整战略，做出对策，这样才能顺应形势，作出最好的选择，以期得到最佳的结果。

人生短暂，凡事纠缠是一种折磨，相反，如果遇到困难就放弃，也会导致事与愿违。真正的智者，是能够保持从容豁达的心态并走好人生每一步的人。对于放弃，他们从不轻而易举就作出决定，对于现状，他们也不会无限度地容忍，而是积极地想办法去改变。在事情无法扭转的情况下，放弃也许是最好的选择。然而，很多事情如果都抱着消极的心态，就无法扭转。因而，我们必须调整好心态，尽力让自己做到最好，这样才能最大限度地发挥自己的能力，争取最大的可能性，实现自己的心愿。

在奥运会上，如果那些运动健儿在锻炼的过程中一遇到困难就放弃，那么他们永远也无缘奥运冠军。现实情况是，每个奥运健儿的拼搏过程都是伴随着血泪的，还有很多运动健儿承受着身体上的痛苦，一次又一次地超越自己，最终才能博得佳绩，创造辉煌。人生也是如此，我们需要坚持不懈地超越自我，才能距离梦想越来越近。

作为世界著名的游泳健将，弗洛伦丝·查德威克在游泳史上创造了一个传奇。1950年，她成功横渡英吉利海峡，因此享誉世界。时隔两年，她从卡德林那岛出发，向着加利福尼亚海滩游去，想要再次创造前无古人的世界纪录。

那一天，海面上的天气状况不是很好，四处都是弥漫的浓雾，海水因为缺乏阳光的抚慰，变得冰冷刺骨。她一直坚持着坚持着，在冰冷的海水里游了整整十六个小时。在海水的浸泡中，她浑身冰冷，嘴唇青紫，简直没有一丝一毫的力气了。因为寒冷彻骨，她情不自禁地打起了寒战，难以控制那股已经浸透她身体的寒意。她极目远眺，但是浓雾阻挡了她的视线，加利福尼亚海滩似乎远在天边。

她沮丧地想道："此时此刻，我根本看不到遥远的海岸，我无法坚持游完全程了。"一边想着，她的身体突然变得无力，甚至连再划动胳膊的力气都没有了。她疲惫地对在小艇上陪伴她的工作人员说："拖我上去吧！"工作人员惋惜地说："你还能再坚持一下吗？你只要再坚持一英里，就能到达岸边了，真的只剩下一英里。"她质疑地问："一英里？不可能！如果真的只剩下一英里，我为什么看不到岸边呢？快拖我上去，我再也坚持不下去了！"在她的强烈要求下，工作人员只好把筋疲力尽的她拖到小艇上。然而，她刚刚裹着毛毯喝下了一杯热饮，就看到了浓雾中显现出海岸线的痕迹。她似乎看到人群正在欢呼，等待她的抵达。此时此刻，她懊悔不已，意识到工作人员所说的话全都是真的。

游过漫长的十六个小时，只差最后的一英里，她与又一个奇迹失之交臂，她懊悔不已，默然无语。

如果查德威克能够再坚持一英里，那么她就再次创造了游泳史上的奇迹。遗憾的是，她因为被浓雾遮蔽了眼睛，看不到目标，也因为心中没有坚持的勇气，最终在距离终点只有一步之遥的时候，彻底放弃了这条通往成功的路，这样的失败，的确让人慨叹。

从心理角度来说，查德威克在冰冷的海水中浸泡16个小时之后，又因为浓雾遮蔽看不到近在咫尺的海岸线，一定是有些崩溃了。其实，每个人在实现理想的道路上都是充满崩溃的。尤其是当我们在努力时遭遇莫大的障碍，或者我们付出了很多，最终却无法看到希望时，崩溃就会不期而至。需要注意的是，黎明前的黑暗总是最让人抓狂的，只有能够沉下心来静心度过的人，才能迎来万丈霞光。因而，对于任何时候的坎坷和挫折，我们都要坚持不懈。坚持，最终未必能够获得成功，但是如果你放弃了，那么等待你的必将是失败。

积极应对，苦难终将过去

在我们的一生之中，没有人愿意接受苦难的煎熬。然而，除了少数天之骄子能够顺风顺水地度过一生之外，大多数人都会经受苦难的磨砺。苦难，从悲观的角度来说是我们人生中的巨大障碍，甚至看似是难以逾越的；从乐观的角度来说，是我们人生中的宝贵财富，历经苦难之后的心，能够帮助我们的人生更加充实和沉淀。因此，我们必须坚定不移地相信，就像人生中曾经所有的荣耀、光荣等会逝去一样。一切苦难也终将会过去。

现代社会，不管是生活还是工作的节奏都越来越快，面对很多新的苦恼，除了积极应对之外，我们必须相信一切终将过去，从而帮助自己鼓劲，更加坚定不移地前进。

从小，罗伯特就在农场里生活，这个农场，是他的父亲辛苦工作很多年才积攒了一些钱买下来的。这个农场不大，只有65公顷，在经济衰败的时期，农场的经营也受到很大影响。当时只有三岁的罗伯特不知道父母的愁苦，他们常常穷得连取暖的煤都买不起。为了一起渡过难关，小小的罗伯特也经常爬进猪圈，帮助母亲捡那些猪吃剩下的玉米秸秆，用来燃烧取暖，不得不说，这样的日子是很难熬的。

好不容易度过寒冬，到了次年春天，干旱很严重，地上都裂开了口子。然而，为了能够换取收成，父亲不得不小心翼翼地把留下来的那些宝贵的玉米作为种子种到干涸的土地里。年幼的罗伯特问父亲："没有水，种子会枯死吧？"父亲语重心长地说："不播种种子，我们就不可能有收成。孩子，有的时候冒险是必须的。"随后，父亲把所有的玉米和燕麦种子都拿出来，种到了干涸的土地里。整整一个月，都没有下雨，父亲的表情总是异常严肃。

一个月后的一天，天上终于响起了轰隆的雷声。下雨了！罗伯特兴高采烈地跑到雨里玩耍，庆幸自己不用再挨饿了，但是父母都知道这点雨水远远不够。很快，烈日再次把土地炙烤得干裂开来，就连水塘里的鱼，也因为干旱失去了生命。

辛苦劳作大半年之后，他的父亲好不容易才收到了半车玉米，这与此前播种下的种子差不了多少。在餐前祈祷时，罗伯特听到父亲虔诚地祷告："上帝啊，感谢你的仁慈。今年，我一粒种子都没有损失，这都要感谢你的庇护。"当时很多农场主因为扛不住天灾，都开始出售农场，罗伯特的父亲没有这么做。他开始积极地向银行申请贷款，想要借助贷款渡过难关。在陪伴父亲去银行办理贷款手续时，罗伯特更加感受到父亲的力量。这次，他们真的借助于贷款熬过了天灾的日子。

许多年之后，罗伯特全家再次遭遇灾害。那是夏日的午后，他们突然听到远处传来怒吼声。放眼望去，居然有龙卷风正在朝着他们的家移动。父亲当机立断，驾车带着全家人离开了农场，等到他们回来之后，看到家已经不复存在了。父亲坐在驾驶室，突然崩溃般地失声痛哭："完了，全完了！"龙卷风卷走了他们的一切，包括父亲刚刚修建的一大片房子。然而，父亲痛哭之后，没有放弃生活。他们去镇上花很少的钱，买来其他人家废弃的房屋建材，重新修建了一幢小房子。从此，他们又从一无所有开始起步，渐渐地，农场的经营越来越好，父亲也完成了毕生的心愿。

年轻的时候遭遇灾难，罗伯特的父亲从未放弃过，而是始终满怀信心地与厄运搏斗。直到二十多年之后，龙卷风让他们多年苦心经营的一切瞬间消失，父亲才痛哭失声。不过，对于父亲而言，这哭泣只是发泄，是为了擦干眼泪更勇敢地面对未来。果然，他们再次从一无所有做起，重新得到了失去的一切。

没有人的一生会是一帆风顺的。然而，即使是再大的苦难，在我们的坚持之中，也必然会渐渐褪去。任何情况下，我们都要满怀信心，正如人们常说的，困难像弹簧，你强它就弱，你弱他就强。在强者面前，苦难就像一个纸老虎，看起来吓人，其实打败它很容易。

半途而废的人，永远尝不到成功的喜悦

在遭遇人生困境的时候，如果是轻易能够解决的问题还好，如果是棘手的、难以解决的问题，就会给很多人的人生形成分水岭。能够面对困难、迎难而上的人，最终会成为人生的强者，拥有成功的人生；在困难面前胆怯畏缩、始终无法迎接困难挑战的人，则会变得越来越怯懦，导致人生也随之变得黯淡无光，与成

功绝缘。还有些人也许有勇气开始，也的确拥有了好的开端，最终却因为突如其来的灾难或者打击，半途而废，显而易见，这样的人也是不可能成功的。

所有的成功者都有一个共同点，即永不放弃。即便是再简单的事情，不管前期已经付出了多少、拥有怎样的开端，半途的放弃都会导致彻底的失败，如此长期下去还会使人们的自信心受到严重打击，从而产生挫败感。

实际上，坚持做下去的积极意义不仅在于事情的维持和继续，还在于在坚持的过程中我们的信念得到了极大增强，我们的人生也会由此进入良性循环之中。一个人如果拥有从不轻易放弃的态度，就能够迈出人生成功的第一步，也使整个人生有了良好的开端。在某一年的中考试卷上，作文题就是一组漫画。画上，一个人挖了好几口井，但是每口井都半途而废，甚至有一口井眼看着再挖几锹土就能出水了，但是他依然放弃了。放在人生中，这无疑是因为不够坚持而与成功失之交臂的例子。这一组漫画也给了莘莘学子极大的启示：不管是对于学习还是人生，我们都必须拥有坚持不懈的顽强毅力，才能最终得到好的结果。

晋朝时期，王羲之在书法艺术上成就斐然，因而青史留名。当时的人们尊称他为“书圣”，由此可见他在书法上的造诣很深。从七岁开始，王羲之正式练习书法，因为勤奋刻苦，他很快就取得了长足的进步。随着对书法的研究日渐精进，他对书法也越来越痴迷，整日都专心致志地练习书法，废寝忘食，食不知味。不管是走路的时候，还是吃饭的时候，他都一心琢磨书法，有的时候入神了，还会情不自禁地用手在身上比划，日久天长，他的衣服都被磨破了。

等到十七岁时，王羲之在书法上已经有了一定的成就。此时，他已经不满足于自己的成绩，而是偷偷地把父亲收藏的书法论著拿出来看，然后根据自己的心得体会继续练习。王羲之每次都在一个池塘边练字，从早晨到黄昏，他每天都坚持不懈，持之以恒。时间久了，他不知道用坏了多少只毛笔，也不知道用光了多少墨汁。因为总是在池塘里清洗毛笔，他居然把整个池塘都染黑了。正是因为有着如此坚持不懈的精神，王羲之才能成为一代书圣，青史留名。

澳洲的尼克·胡哲一生下来就患了“海豹肢症”，没有四肢，这在医学领域非常罕见。当大家都在为命运悲惨的尼克·胡哲担忧不已时，他却凭借着顽强的毅力和坚韧不拔的精神，不但做到了完全自理，还能够骑马、游泳、打球。总而言之，正常人能做的事情，几乎都难不倒他。如今的尼克·胡哲不但成为了大名鼎鼎的演说家，而且成功获取了学士学位，还是企业的老总。2005年，因为他传奇的人生经历和顽强不屈的精神，他被评选为“杰出澳洲青年”。

当然，面对自己残缺的身体，尼克·胡哲并非一直勇往直前，在十岁那年，他曾经三次想要跳河自杀，均以失败告终。直到十七岁那年，他发现自己具有演说的天赋，因而决定成为一名演说家。在被52所学校拒绝之后，他没有放弃，终于得到了第53家学校的邀请，并得到机会进行人生中的第一次演讲。因而他在此后的演讲中无数次告诉听众："假如一个人跌倒了，唯一的办法就是站起来。当然，即使我尝试一百次都无法站起来，我也不会承认自己是个失败者。我不会放弃，永不放弃，因为我只要坚持不懈，依然可以站起来。"说完这段精彩绝伦的话，尼克·胡哲开始把整个身体趴在讲台上，用头顶着讲台，向听众展示自己艰难站起来的过程。就这样，尼克用自己的切身经历，告诉了人们，正常人能够做到的，他也能做到。这份坚强的背后，是无数次的坚持坚持再坚持，一直在帮助尼克战胜人生的困境。正是这"永不放弃"的精神，带领尼克走过了人生的坎坷和泥泞，使他获得了精彩的人生。

在上述两个事例中，王羲之之所以能够成为书圣，在书法艺术上获得极高的造诣，就是因为他坚持不懈地练习写字，甚至把池塘里的水都染黑了。第二个事例中的尼克·胡哲更加值得我们每一个人钦佩，面对重度身体残疾，他从未放弃努力，而是始终坚持不懈，像正常人一样生活。也许，为了完成一个简单的小动作，他需要付出超出常人数倍的努力，但是他从不退缩，更不怯懦，而是就这样坚持坚持再坚持，即便失败一百次，也依然勇往直前，毫不畏惧。

人生之中，很多时候我们距离成功只有一步之遥，也许我们经历了很多坎坷挫折，直到放弃之后才发现自己功亏一篑，只要再坚持往前一小步，就能如愿以偿地获得成功。这样与成功失之交臂，无疑会让我们的人生承受遗憾，导致我们的自信心也受到严重打击。如此一来，人生就会进入恶性循环。真正的强者，不管遇到怎样艰难坎坷的境遇，都会坚持不懈、持之以恒。唯有坚持，才能让我们走出逆境，最终得到命运的青睐，顺利获得成功。

熬过去，人生就会进入顺遂的境地

很多人对于人生有着美好的规划，也付出了极大的努力，最终却一无所成，在失败和沉沦中庸庸碌碌。其实，这些人并不是因为能力不足才与成功失之交臂，只是因为缺乏坚持的精神，最终在应该坚持的时候选择了放弃，从而与成功失之交臂，错失良机。

也许有人认为坚持就是止步不前，是停滞，实际上在人生的某些特殊时期，坚持就是进取。人们常说人生如同逆水行舟不进则退，因此，在艰难的处境里如果能够坚持下去，不抛弃不放弃也不退缩，则坚持就是拓进，更是一种面对困难绝不屈服和放弃的毅力与坚韧。古今中外，任何一个成功者都是经历了坎坷的逆境，始终坚持不懈，最终才获得成功的。

老人曾经是旧社会的小媳妇，遭受了无数的苦难，后来又经历了抗日战争，几次死里逃生，最后才等来了新社会，却已经人到暮年，很多事情都身不由已。即便如此，她依然熬过了人生百岁，成为了当之无愧的世纪老人和老寿星。熬过去，你就是人生的强者，此刻的一切艰难坎坷都会成为过眼烟云，人生也会进入顺遂的境地。

作为美国标准石油公司的大BOSS，洛克菲勒在获得成功之前，只是石油公司的小职员。当时，他刚刚进入石油公司，学历不高，也没有工作经验，因而只能从事最简单的工作——巡视并且确保储油罐盖已经自动焊接好。这个工作不但没有任何技术含量，而且非常枯燥，洛克菲勒每天必须不停地走来走去，盯着滴向储油罐盖的焊接滴剂。由于每天都要成百上千次地重复这项乏味的工作，他简直觉得自己的眼睛都快磨出老茧了。换作别人，也许早就辞掉这份工作了，或者就一直在储油罐旁孤独终老，无聊至死。然而，洛克菲勒从这项乏味的工作中发现了契机，并且由此掀开了人生的新篇章，最终成为举世闻名的世界富豪，也成就了自己辉煌灿烂的人生。

原来，洛克菲勒无意间发现，储油罐每旋转一圈，焊接滴剂会低落39滴，如此一来，焊接工作也就完成了。在有了这个发现之后，他始终在琢磨，假如能够在确保焊接成功的情况下，把焊接滴剂减少一两滴，如此积少成多，日积月累，一定能够极大地降低成本。当有人得知他的想法后，不由得对他的想法嗤之以鼻，认为这个问题根本没有意义，也不可能形成大的价值。洛克菲勒没有放弃，而是继续坚持观察，深入研究，最终他成功研制出35、36、37滴型焊接机，但是因为不能成功焊接，出现漏油情况，不得不以失败而告终。尽管没有得到任何人的支持，洛克菲勒依然排除万难，继续开始研究38滴型焊接机。这一次，他大获成功，这个机器很快投入生产，尽管每次只能节省一滴滴剂，最终却成功为石油公司节约了成本，使每年的利润增加了上亿美元。

正是凭借着坚持不懈的精神，洛克菲勒在遭遇失败的情况下也坚持熬着，最终熬来了成功，也获得了辉煌的人生。

对于这样一份枯燥乏味毫无技术可言的低端工作，洛克菲勒却认真对待，坚持不懈，最终才有了常人所没有的发现，也由此打开了人生的新天地。任何时候，命运都掌握在我们自己手中，即便是在最艰难的时刻，接连遭遇失败的打击，洛克菲勒也从未放弃努力。假如我们也能拥有这样的坚持精神，人生一定会变得与众不同。

毋庸置疑，人人都希望人生顺遂，一帆风顺。然而命运偏偏喜欢捉弄人，在这个世界上，几乎每个人都有独属于自己的烦恼，也有不得不面对的困惑人生。虽然我们无法选择自己的命运，但是我们可以尽力改变命运。也许今日的苦难，就能帮助我们获得明日的辉煌，当然前提条件是我们必须能够坚持，坚持，再坚持，任何时候都决不放弃与命运的不屈抗争和反抗。

人人都想成为人生的强者，拥有成功的人生，方法其实很简单——当人生陷入困境或者看似处于绝境之时，不要退缩也不要怯懦，熬过去，你就能够成为人生的赢家。朋友们，你们准备好了吗？

永不放弃，总有一天你会变得很棒

里根生在一个极其普通的家庭，全家四口人只靠父亲一人当售货员的工资维持生活。生活的艰辛磨炼了里根的意志，也使他产生了出人头地的强烈愿望。

里根大学毕业后，想试着在电台找份工作，然而，每次都碰了一鼻子灰。最后，里根驾车行驶了70英里来到了特莱城，试了试爱荷华州达文波特的电台。电台主任让里根站在一架麦克风前，凭想象播一场比赛，由于里根的出色表现，他被录用了。

在回家的路上，里根想到了母亲的话：“如果你坚持下去，总有一天你会交上好运。并且你会认识到，要是没有从前的失望，那是不会发生的。”

这次求职成了里根人生旅途的新起点，它使里根懂得，一个人只要有信心，能把握自己该干什么，那么就应该走出去敲那一扇扇机会之门。

事实证明，任何一个目标肯定的人，都不会迷茫，更不会中途放弃。一个人要想获得人生的幸福，那么每一天都应该勤奋工作。付出不亚于任何人的努力，这是一个长期的过程，只要坚持就一定能够获得不可思议的成就。

下面一个简单的故事，蕴含了一个深刻的道理，它告诉我们——坚持在追求梦想的过程中是多么重要。

1819年，在横跨得克萨斯州的火车上，一个瘦高个子、大约13岁的男孩，正在卖报纸和雪茄。当旅客们谈论有关投资方面的事情时，这个年轻人总会全神贯注地倾听。

这个卖报的孩子叫威廉，他希望成为一个可以预测未来的交易商。过往的人纷纷嘲笑他：“噢，祝你好运，没有人能预测未来。”

为了这个梦想，长大后的威廉整天躲在狭小的地下室里，将数百万根的K线一根根地画到纸上，贴到墙上，接下来便对着这些K线静静地思索，有时他甚至能面对着一张K线图发几个小时的呆。

后来他干脆把美国证券市场有史以来的纪录搜集到一起，在那些杂乱无章的数据中寻找着规律性的东西。由于没有客户，挣不到薪金，这个美国人许多时候不得不靠朋友的接济勉强度日。

这样的情况延续了6年，这6年，威廉集中研究了美国证券市场的走势与古老数学、几何学和星象学的关系。

6年后，他发现了有关证券市场发展趋势的最重要的预测方法，他把这一方法命名为“控制时间因素”。他在金融投资生涯中赚取了5亿美元，成为华尔街上靠研究理论而白手起家的神话人物。

他叫威廉·江恩，世界证券行业人尽皆知的最重要的“波动法则”的创始人。

成功需要梦想，梦想需要坚持，这是一条最原始也是最简单的真理。诺贝尔奖获得者巴斯德曾豪迈地宣称：“告诉你达到目标的奥秘吧，我唯一的力量就是我的坚持精神。”需要持之以恒的原因就在于，世上凡是有价值的事情通常都是有一定难度的，不可能一蹴而就，因此只有持之以恒才能完成。

在我们的生活中，也有不少人都有自己的梦想，但紧张的工作，可能会让你搁浅心中的梦想。但你发现没，正是因为你失去了梦想，你才会显得无力，没有热情。只有具有一个伟大的动力，人的潜能才会被最大限度地激发出来。而在这个过程中，最为重要的就是在面对压力、挫折、困难时是否有继续向前的愿望和动力，任何想要成功的人，他首先要学会的就是坚忍不拔，要能够超越失败，成功才会与你越来越近。

第04章

吃点苦不算什么，苦难中更容易发现机会之门

古人云："生于忧患，死于安乐。"任何一个人，要想成功，实现人生价值，都要吃苦，都要磨炼自己的意志。现代社会，随着物质生活的逐渐提高，人们吃苦的"机会"逐渐少了，而正是因为这样，我们在真正遇到困难时，便少了一份毅力，少了一份坚强。因此，我们每个人都必须学会吃苦，在最能吃苦的年纪习得一身本事，才能充实自我，为获得成功打好基础。

想成功，就要苦中作乐

我们都知道，没有人能随随便便成功，自古以来，许多卓有成就的人，大多是抱着不屈不饶的精神，忍耐枯燥与痛苦之后，从逆境中奋斗挣扎过来的。在哈佛有一句名言：“请享受无法回避的痛苦，比别人更早更勤奋地努力，才能尝到成功的滋味。”在人生的道路上，我们若想有所收获，就必须学会吃苦，学会苦中作乐。

所以，要想成功，就必须要对自己狠点儿。如果我们想改变自己的行为，就必须要把我们的旧行为和痛苦连在一起，而把所希望的新行为和快乐连在一起，否则任何改变都不会持久。在挫折面前，人们也有着不同的理解，有人说挫折是人生道路上的绊脚石，有人却说挫折是垫脚石，人们之所以有如此不同的态度，就是因为他们的自控力不同，所谓“百糖尝尽方谈甜，百盐尝尽才懂咸”。与河流一样，人生也需要经历洗练才会更美丽，经过枯燥与痛苦之后，才能收获成功的果实。

某招聘会上，公司主管想招一名部门经理，选来选去，最后只剩下甲和乙两个选手。为了选择一个更适合公司发展的职员，他给他们出了一道题，公司买了两筐苹果，可是苹果有好多烂的，谁也不可能在两天内吃完。现在这两筐苹果就在这儿，你们拿回去吃吧，一个月后你们再来给我答复。

一个月后，甲和乙都回来了，向主管说明了自己是怎么做的，甲不慌不忙地说："苹果发到我手里就有一半是烂的，我就先选烂的吃，吃到最后还是烂的，一筐苹果没吃到一个好的——我已经拉了半个月肚子了。"

主管笑着问甲："既然吃苹果让你这么痛苦，你为什么还要吃呢？"

甲答："不管怎么说，吃苹果是公司考验我的题目，不吃等于辜负了公司的好意。"

主管经理又问乙："你是怎么处理那一筐苹果的，难道也先选烂的吃？"

乙说："不。那筐苹果到我手里也有一半是烂的，我先选好的吃，到选不出来的时候，我连筐子一起丢了。"

甲乙两人是从百名应聘者之间选出来的佼佼者。听了甲与乙的话，主管慎重地想了又想，乍一看，甲这种人走上社会是难以有出息的，因为他的思维是属于封闭型的，不可能开创什么事业，其人生态度是悲观消沉的，这种人生观与时代格格不入；但实际上，甲虽然有逆来顺受的性格，但他有一种吃苦在前、享乐在后的精神，这样的人不会寅吃卯粮，换句话说，他把人生的理想和追求都放在以自己的吃苦和拼搏去换取上，还是有前途的。

而乙看上去是处事有主见，有魄力，思想方法独特，有开拓创新精神，有健康积极的生活态度，但是他的实用主义作风害了他，使他凡事看得比较局限，做出的成绩也有限。

于是，主管决定选择甲担任部门经理的角色。

一晃5年过去了，两个应聘者的前途果然不出主管的预料，甲不仅在工作岗位上干得出色，而且马上就要提升了；而乙，有消息说，还在想换工作，忙碌奔波于一个个新的单位之间。

如果你是故事中的应聘者，你会怎么做？也许你也会和乙一样，因为谁都不想痛苦地吃完一筐烂苹果，然而，这看似精明的做法，是吃不起苦的表现。

这个故事也给那些正在为梦想奋斗的人一个启示：无论怎样，事业是做出来的而不是说出来的，辛勤耕耘的人，永远都有市场。

事实上，人在绝境或没有退路的时候，最容易产生爆发力，展示出非凡的潜能。任何一个成功者都具有非凡的毅力，如果你想在最恶劣、最不利的情况下取胜，最好把所有可能退却的道路切断，有意识地把自己逼入绝境，只有这样才能保持必胜的决心，用强烈的刺激唤起那敢于超越一切的决心。

有一个乡下人在山里打柴时，拾到一只很小的样子怪怪的鸟，他就把这只怪鸟带回家给儿子玩耍，后来人们发现那只怪鸟竟是一只鹰。时间久了，村里的人们对于这种鹰鸡同处的状况越来越害怕，便一致强烈要求：要么杀了那只鹰，要么将它放生。这一家人自然舍不得杀它，所以决定将鹰放生，让它回归大自然。然而他们用了许多办法都无法奏效。后来村里的一位老人说：把鹰交给我吧，我会让它重返蓝天，永远不再回来。老人将鹰带到附近一个最陡峭的悬崖绝壁旁，然后将鹰狠狠向悬崖下的深涧扔去，如扔一块石头。那只鹰开始也如石头般向下坠去，然而快要到涧底时它终于展开双翅托住了身体，开始缓缓滑翔，然后轻轻拍了拍翅膀，飞向蔚蓝的天空，它越飞越自由舒展，越飞动作越漂亮，这才叫真正的翱翔，蓝天才是它真正的家园啊！

记得一篇文章中有着这样一段话：当面对一堵很难攀越的高墙时，不妨把你的帽子扔过去，然后你就不得不想尽一切办法翻过高墙了。“把自己的帽子扔过墙去”，这就意味着你别无选择，为了找回自己的帽子，你必须翻过这堵围墙，毫无退路可言。这就是给自己施加压力，让自己永远不要有退缩的念头，从而去战胜困难，争取成功。

曾国藩说：“吾平生长进，全在受挫受辱之时，打掉门牙之时多矣，无一不和血一块吞下。”如果经不起挫折，忍受不了挫折带来的痛苦与失败，我们就将沉埋在毫无希望的生活里，永远没有前进的方向。凡是能够成大事者，他们必然耐得住痛苦，忍受得了失败的打击，因为成功需要风风雨雨的洗礼，而有追求、有抱负的人，他们总是视挫折为动力。他们为什么能做到视挫折如动力？因为他们拥有着惊人的调节力，他们能看到“风雨”之后的“彩虹”，那么，他们又何惧“风雨”呢？

当我们处于痛苦之中时，该如何来进行自我调节？你可以尝试着这样做：现在，诚恳地问自己，在过去的五年，你在人生的各个层面因为旧习惯付出了哪些代价？如果用金钱衡量会是多少？给你心爱的人带来了哪些损害？而接下来的一年、两年或者更多的时间，如果你仍然没有作出任何改变，那么，你会因此而付出哪些代价？如果用金钱衡量会是多少？会给你心爱的人带来哪些损害？请详细描述你看起来会怎么样、有什么感觉。如果你能作出一个明智的比较，相信你就能找到前进的动力了。

强大起来，战胜苦难

现实生活中，很多人都排斥困难，殊不知苦难并不是人生的畸变，而是人生之中理所当然的存在。所以，每个人的人生都不可能摆脱困难。有人说我们是在错误的过程中不断成长起来的，我们要说，我们也是在苦难之中汲取营养、渐渐变得坚定的。对于弱者而言，困难是扼杀生机的凶手，对于强者而言，苦难却能够激发生机，也能够磨炼意志。一个人如果真的战胜了困难，人生必然会更加从容淡定，也会变得更充实勇敢和坚定。

从某种意义上来说，困难是一把双刃剑，会让弱者彻底毁灭，也会让强者在命运的颠沛中腾飞。因而，真正的人生强者，总是性格完美的，能够最大限度让自己变得强大起来。所以朋友们，在困难面前不要抱怨，不要怨天尤人，而要更加强大，从而增强自己内心的力量。

很久以前，有个人特别倒霉。他从小命运多舛，好不容易长大成人能够自己养活自己，虽然做过木匠、泥瓦工，也捡过破烂，却从未让生活有丝毫起色。后来，他好不容易遇到爱情，却被欺骗，导致身陷官司。为此，他在各大城市之间流浪，居无定所。直到年纪都很大了，他看起来依然像是个农民，生活艰难。不过，他虽然表面上看起来像是个生活毫无保障的农民，但是他的心里有着与众不同的追求。他很热爱文学，下笔轻灵，因而他写出来的诗歌非常清澈干净，就像是万里无云的天空一样让人情不自禁地感到心动。

有的朋友问他："你在生活中遭遇过那么多磨难，为何你的诗作却那么轻灵呢？有的时候，我简直怀疑是正在经历初恋的人才能写出这样绝美的诗歌。"他笑了："那么，我的诗歌应该是怎样的呢？"朋友说："至少要显得沉重一些吧，色彩也不应该这么明丽。”他笑了，说：“我是个地地道道的农民，我的父母也是农民，所以我从小就在农村长大。你知道，以前农村很穷，根本没有多余的钱买化肥，就只能自己家沤肥。每次遇到有人挑着粪便送到地里，我都会被臭气熏得不想呼吸。然而，我那个时候就发现，虽然粪便很臭，却能够让庄稼长得更结实、强壮。对于我的人生而言，那些苦难和磨难，也是粪便，也是人生难得的肥料。尽管经历的时候觉得很艰难，但是其实它们对于人生是完全有好处的。当我弄明白粪便和庄稼的关系后，我也就彻底意识到困难和人生的关系。假如我们排斥苦难，那么苦难就会像粪坑里的粪便一样，非常臭。但是假如我们能够发自内心地接受苦难，那么苦难就会转化为对人生有益的肥料，让我们的人生更加茁壮成长。”

的确，粪便能够改变土地，苦难也能够改变人生。如果不想让苦难继续伤害我们的人生，那么我们就要调整自己的心态，让我们的心灵成功扭转苦难。在此过程中，每一次苦难都会成为我们人生中最有力量的养分，促使我们不断成长。苦难是把双刃剑，既能伤害我们，也能帮助我们，古今中外，有很多伟大的人物都曾经饱受苦难，诸如伟大的音乐家贝多芬、世界小提琴家帕格尼尼等。

对于任何人而言，要想把苦难从灾难变成人生的礼物和财富，就要让自己变得更加坚强，勇敢迎接和面对困难，从而成功转化苦难。人们常说，困难像弹簧，你强它就弱，你弱它就强，那么不如让我们都强大起来，成功战胜困难吧。

人生的学校里，失败和挫折是最好的老师

看看每天的天气，有晴天，也有阴天，有风天，也有雨天，其中还不乏雷电轰鸣、风雨交加的日子。这就像是人生，每个人的一生之中，除了坦途，也会有坎坷和挫折；除了顺境，也会有逆境。细心的人会发现，每当风雨之后，阳光会出奇地好，空气清新，碧空如洗。那些遭受过坎坷和挫折的人，在经历过磨难之后，也会变得更加坚强勇敢。但是，如果在挫折面前退缩了，被挫折吓倒了，人生就会陷入低谷，遭受绝境，所以，我们要直面挫折，战胜挫折。生活中，人们常常说，不经历风雨，怎能见彩虹；梅花香自苦寒来，宝剑锋从磨砺出……因为挫折和磨难，一切变得更加让人珍惜，难得可贵。

毫无疑问，每个人都希望自己的人生能够与快乐、幸福相伴，希望厄运远离自己。但是，造化弄人，我们常常会发现凡事不能尽如人意，尤其是当我们渴望成功的时候，挫折更是会常常与我们结伴而行。其实，在人生的大学校里，失败和挫折是最好的老师。每个人都必须从这所学校毕业，唯有经过在这所学校

的学习，你才能学会独立思考，学会坚持不放弃，学会坦然面对得失，学会坚定不移地选择，学会如何笑对人生。曾经有心理学家证实，对挫折的体验，能够使人快速学会如何应对风险，从而战胜风险，帮助我们不再惧怕失败。不曾经历过失败和挫折的人生，是苍白的，就像温室里的花朵，经不起风吹雨打。

著名的音乐家贝多芬创造了举世闻名的《命运交响曲》，让人难以想象的是，这是在他双耳失聪之后创作出来的。对于音乐家来说，失去听力，几乎就是失去了生命，然而，坚强的贝多芬在双耳失聪后，坚定地说："我要扼住命运的咽喉。"

那是一个寒冷的冬日，西北风肆虐地呼啸着，维也纳大街两旁的树叶纷纷凋零。满头银发的贝多芬正在散步时，突然有了创作的灵感。只见他单膝跪在街道上，从口袋里拿出纸和笔，用膝盖当桌子，迅速地、一刻也不停地写着。他全神贯注，丝毫没有注意到西北风正在把他满头白发吹得乱七八糟，更没有发现脚下已经堆满了落叶。他沉浸在幽美的旋律中，完全忘记了世界的存在。没多久，一支送葬的队伍走了过来，深沉的哀乐在贝多芬的耳边徘徊，但他丝毫没被打扰，他写着，写着，甚至忘了自己。送葬的人们认出了贝多芬，纷纷停下脚步，在寒风中向他行注目礼。终于，贝多芬写完了最后一个音符。

贝多芬抬起头，发现自己挡住了送葬的队伍，马上对着队伍深深地鞠躬，表示歉意。如果没有对音乐执着的爱，没有对困难的藐视，贝多芬怎么可能谱写出著名的《命运交响曲》呢？

汉朝时期，有个叫匡衡的少年学习非常用功，他家里穷，连煤油灯都点不起。因为白天要下地干农活，所以他只有晚上才有时间读书。没有灯怎么办呢？看着漫长的夜晚就这样白白浪费了，他心痛不已。

匡衡的邻居家很有钱，每到晚上，家里总是点很多煤油灯，屋子里灯火通明的，匡衡思来想去，决定向邻居借光。他问邻居："我想利用晚上的时间看书，但是买不起煤油。我能不能借用你家的一小块地方，就着你家的光亮看书呢？"邻居很坏，吝啬地说："连煤油都买不起，还读书干什么啊！"邻居的挖苦和嘲笑，让匡衡更坚定了读书的想法，他知道，要想改变命运，就要把书读好。

匡衡没有放弃，回到家里之后，他趁着夜深人静，把自己家和邻居家公用的墙壁凿了一个小窟窿。从此之后，他就借着这微弱的灯光，读完了家里所有的书。为了看更多的书，他还主动要求帮助附近一个藏书很多的大户人家干活，不要任何报酬，只想从那家借书出来读。大户人家的主人被他勤奋好学的精神感动，答应了他的请求。这个匡衡，就是汉元帝的丞相，也是西汉时期著名的学者。

哲学家科林斯说："不曾经历挫折，成功只是短暂的表面现象；只有历经过挫折磨难，成功才能历练成金。"挫折并不可怕，经历了挫折却没有从中汲取经验和教训，才是最可怕的。遇到挫折时，强者不会一味消沉，而是将其作为对自己的挑战，作为奋斗的起点。逃避挫折永远无法解决问题，唯有面对挫折，才能真正战胜挫折。强者不但会战胜挫折，还会从挫折中吸取人生的营养和智慧。只有这样，我们才能在面对挫折和战胜挫折的过程中，迅速变得强大，最终获得成功。

把绊脚石当成人生的跳板，是一种生存的智慧

人生是一场旅行，我们用双脚丈量生命的长度和宽度。在漫长而又艰苦的行程中，我们时而遇到荆棘，刺破衣衫；时而遇到坎坷和泥泞，耽误行程。有的时候，我们还会无意间因为绊脚石摔个大跟头，摔得鼻青脸肿。每当这个时候，我们是因此而放弃行程，改道前行，还是继续一往无前呢？其实，也许恰恰因为这次摔倒，我们才会注意到路边美丽的野花，才会发现原来荆棘里长满果实，才会留意到自己因为步履匆匆而忽略了旅程中的美好景致。也有可能，这块绊倒你的石头，反而能够帮助你摘到高高悬挂在树枝上的果实，让你美美地饱餐一顿呢！总而言之，凡事都有两面性，很多时候，看似给我们带来障碍的事情，也许换个角度来看，就变成了对我们有帮助的事情，一切，都取决于你看

待问题的角度和心态。由此看来，只要调整好心态，我们就能坦然面对生活中的困境和得失，尽可能地把不利转化为有利。

在现代社会的职场上，年轻人常常会遭遇职业发展的绊脚石。究其原因，很多年轻人或者因为学历的局限，或者因为人际关系的阻碍，使得自己的发展受到限制。每当遇到这种情况，积极乐观的年轻人会谋求更好的发展，把绊脚石当成是人生的跳板。反之，如果遇到困难就举步不前，只会让人生更加失望落魄，遭遇瓶颈。把绊脚石当成人生的跳板，是一种生存的智慧。必须洞察现实的情况，给自己的未来以理智和乐观的规划，才能做到华丽转变。

2012年3月，澳大利亚的沃加沃发生了洪水。转眼之间，肆虐的洪水就淹没了一切，夺走了无数人的生命。惊慌之余，人们纷纷撤离，包括那些动物，也四下逃散。然而，让人们感到奇怪的是，蜘蛛并没有在洪水面前退却。难道蜘蛛不怕洪水和死亡吗？答案当然是否定的。在生命的危难时刻，大量的蜘蛛都在灌木丛中结网，使得灌木丛变得像网络的世界。蜘蛛为什么要在洪水肆虐的时候进行如此浩大的工程呢？当洪水退去后，人们开始研究这些蜘蛛网。众所周知，蜘蛛结网原本是为了捕食，显然，这些在洪水到来之际仓促织好的巨网并非为了捕食。那么，在洪水之中的蜘蛛网有何作用呢？

经过研究，昆虫学家发现了其中的奥秘。原来，织网的是片网蜘蛛和狼蜘蛛，它们分别属于皿蛛科和狼蛛科。它们织的网并不会对人类的生命安全造成威胁，而只是为了帮助它们自己在洪水到来的时候分散逃生。这巨大的网络就像是一张蹦床，成为蜘蛛逃生的“生命跳板”。正是因为有了这张网的阻碍，蜘蛛们才不会在洪水到来的时候被冲走，它们可以附着于网络之上，不会被淹死。随着洪水水位的上升，蜘蛛网的高度也随之增加。除此之外，蜘蛛网不但可以帮助蜘蛛捕捉食物，同时也是蜘蛛的食物，当织好的蜘蛛网无法抵御洪水的时候，它们就会吃掉蜘蛛网，再不断向上织出新网。如此充满智慧的行为，让蜘蛛可以坦然面对洪水，获得生存的机会。

小娜大学毕业后，进入了一家公司工作。然而，没过几年，就在她的工作发展得比较稳定时，公司突然因为结构调整，要裁员，裁员的标准就是学历。小娜是大专毕业，虽然在工作上一切表现良好，却因为没有本科学历，即将面临被裁员的危险。思来想去，小娜也觉得自己的学历的确不高。为了改变现状，她利用工作之余的时间开始废寝忘食地学习，努力争取考上研究生。经过一段时间的努力，凭借上学时扎实的知识功底，小娜顺利考入一所重点院校的研究生院。在裁员名单确定公布的时候，已经接到研究生录取通知书的小娜原本作好准备被裁员，不想，裁员名单里并没有她。小娜不解，主管告诉她：“原本，你的确在公司的裁员之列。不过，总经理知道你考上了研究生，而且专业和我们公司的经营方向很对口。所以，他让我转告你，你尽可以放心去读书，学成之后，公司的大门随时向你敞开。如果你现在就愿意和公司签订合同，确定毕业之后回到公司工作。那么，公司还会给予你公费读研的待遇，不但支付你读研的所有费用，还会每个月发给你基本工资作为生活保障。”听到这个好消息，小娜兴奋不已。

经过一番慎重考虑，她和公司签订了劳务合同，约定学成之后回到公司。如此一来，不但不会为学费而困扰，她还可以一边读书一边挣工资呢！

虽然蜘蛛非常弱小，但是它们生存的智慧值得人类借鉴。的确，人生需要一个跳板，很多时候，那些绊脚石就是我们的跳板。也许因为绊脚石的存在，我们暂时减慢了前进的脚步，但是正是绊脚石的存在，才让我们能够停下来重新审视自己，寻得更好的机遇。在第二个事例中，小娜知道公司即将因为结构重组裁员，不但没有自艾自怜，反而先发制人，努力考上了研究生。原本，她面临失业的困难，现在不但可以公费读研，还可以每月照常领取工资，如此说来，小娜也算是因祸得福了。

年轻人，当你们面对人生的绊脚石时，千万不要因此而沮丧绝望，要知道，机遇与挑战总是并存的。只有勇敢地面对挑战，充满智慧地面对绊脚石，我们才能为自己找到更好的发展机遇，为人生开辟新天地。

1.机遇，永远只属于有准备的人。只有不断努力，才能得到机遇的青睐。当你羡慕小娜的好运时，不如加倍努力吧！

2.任何事情都有两面性，正如古人所说的福祸相依，关键在于我们面对困境时采取怎样的心态和态度。

3.是绊脚石还是跳板，一切只在你的一念之间。

第05章

严于律己，聪明人都懂得给自己找苦头吃

你想成功吗？想必很多人都会回答“想”，可是你能狠得下心严格要求自己吗？想必很大一部分人都会有所顾忌，有所怯懦。是啊，之所以有成功者有失败者，就是因为很多人害怕吃苦受累，不忍心对自己“狠一点”。如果一味地宠着自己，那么我们如何更快地成长呢？其实生活中没有什么过不去的坎儿，只要我们咬咬牙，一切都会过去的。战胜自己的人，才配得到上天的奖赏，我们要不断地磨炼自己，才能收获更多的进步。所以说，要想成功就不要再得过且过地过日子了，用一股努力向上的“狠劲”不断前进吧！

努力，才能得到命运的厚待

世界上的确有这么一种人，他们含着金汤匙出生，一出生就比别人拥有更多的财富，也因为父辈的权力得到荫蔽，所以总是会得到赞赏，从来没有人敢于当面否定他们。因此，他们想要什么都能如愿以偿，可以说他们是这个世界上最幸福的人。他们感受着权力和金钱的无所不能，不但住着豪华的大别墅，也开着动辄几百万上千万的跑车，他们家庭生活幸福，人生一帆风顺，他们举手投足都备受瞩目，他们几乎无所不能。但是，他们真的改变命运了吗？其实并没有，他们只是投胎投得好，所以生而就有他人为之奋斗一生都求之不得的一切而已。

正是因为他们生而具有这让人羡慕的一切，这一切更是很多人穷尽一生都可望而不可得的，所以世界上才会产生极端，导致人与人的生活相差越来越远。那么，对于贫困人家的孩子而言，如何才能得到这梦寐以求的一切呢？既没有可以倚靠和仰仗的老爸为我们提供各种荫蔽，也没有得天独厚的条件让我们不劳而获，那么，我们只剩下唯一的一条路可走，那就是努力。

对于香港的富豪李嘉诚，相信很多人都有所耳闻。其实，大多数人更羡慕的不是李嘉诚，而是李嘉诚的长子李泽楷。的确，作为地地道道的富二代，李泽楷的人生的确如同我们篇首所说的那样，是含着金汤匙出生的。但是，我们在羡慕李泽楷之余，更应该知道的是，李嘉诚可不是富二代。但是，这并不妨碍李嘉诚让自己的儿子成为富二代。由此可见，人虽然无法选择自己的出身，却能够主宰自己的命运。

从某种意义上来说，人生也如同一场牌局，拿到好牌的人沾沾自喜，但是拿到坏牌的人也未必就注定了输掉的结局。如果我们手中的牌还勉强说得过去，那么我们必须努力争取赢得牌局；如果我们手中的牌面真的很糟糕，那么我们也必须竭尽全力，精心构思，从而把坏牌打得漂亮。我们必须谨记，人生之中的确有可能抓到一手坏牌，但是这并不意味着人生坏的结局。任何时候，只要我们牢记努力改变命运的道理，不到最后一刻，谁也不知道谁会是笑到最后的人。

现代社会，各种竞争接踵而至，除了天生就有好运气的人，大多数人都要面对命运的无常和残酷，更要竭尽所能地与命运抗争，才能改变命运，收获与众不同的人生。其实，那些从寒门走出来的成功者，不但没有显赫的背景，更没有平顺的命运，相反，他们往往命运多舛。而他们之所以能够获得成功，就是因为他们懂得“越努力，越幸运”的道理。

每个人都奢望得到好运，但是好运气并非凭空降临的。诸如牛顿被苹果砸到发现万有引力，也许在牛顿之前有很多人都曾经被苹果，或者梨子，或者柑橘等等砸到，但是始终没有成为发现万有引力的人。归根结底，当机遇到来的时候，因为不够努力，他们远远没有作好准备。再如，爱迪生发明电灯，在爱迪生之前，其实也有人尝试着找到合适的灯丝发明电灯，却都以失败而告终。唯有爱迪生，在尝试了一千多种材料、进行了数千次实验之后，始终没有放弃希望，而是继续坚持不懈地努力，最终才找到了合适的灯丝材料，发明了电灯。不得不说，这既是命运的眷顾，更是爱迪生不懈努力的结果。

现代社会，发展迅速，各行各业里都人才辈出。作为现代人，要想在人生中为自己谋求一席之地，我们就必须更加勤奋努力，才能在熙熙攘攘的职场上站稳脚跟。举例而言，有很多人都知道人生不可重来，但是在事情没有到来时，他们总是怀着侥幸心理，贪图享乐，不思进取。殊不知，一个人不管多么才思敏捷，也必须把功夫下足，才能等到好运降临。

众所周知，和得到好运气相比，让自己一直保持好运气更是难上加难。如果是随机降临的好运，只能维持很短的时间，我们需要做的是通过自身的努力，让我们的好运气更加持久。这样，我们才算真正参透人生，拥有把握人生的能力。归根结底，没有人会永远好运相随，作为明智的人，我们必须时刻注意作好准备，才能维持自己的好运气。此外，我们在努力的过程中还要不断创新，这样才能让好运气常在，从而对我们的生活与工作持续发生作用。

人生看似短暂，实际上过程也是漫长的。当青春年少的我们坚持努力走过青春岁月之后，我们的人生必然能够得到沉淀，变得丰盈厚重。反之，假如我们面对人生的态度始终是推脱、逃避，那么我们的人生也就会被命运玩弄于鼓掌。朋友们，一定要记住，唯有努力，才是我们一生的护身符，才能保证我们的一生幸福如愿。做一个努力的人吧，相信命运一定会厚待你的！

能吃苦，才能使自己出类拔萃

人们常说命运对于每个人都是公平的，现实情况却是，命运有的时候的确缺乏公平，不能做到平等地对待每一个人。当然，命运和谁也不沾亲不带故，如果一定要说命运是偏心的，那么我们必须说，命运会眷顾那些愿意吃苦的孩子，会补偿他们曾经吃过的苦，受过的罪，从而使他们的付出得到回报。

大多数人都只能看到成功者头顶的光环，细心的朋友却会发现，大多数成功人士并不是因为得到命运的眷顾而一帆风顺地获得成功的，相反，他们的人生历经坎坷，他们都是从贫穷和困难中一路走过来的。所以，他们比普通人吃过更多的苦，忍受过更多的煎熬，因而也比普通人具备更加顽强的意志，对于成功有着更加强烈的渴望。正是因为有了这样不平凡的经历，他们才有了与众不同的品行和坚韧不拔的意志，从而使自己的人生出类拔萃。

作为贫穷黑人家的孩子，福勒年仅五岁，就开始劳动，养活自己。和福勒一样，与福勒一同玩耍的孩子中，绝大多数都出身于佃农家庭，他们和福勒一样小小年纪就开始凭借自己的双手劳动，养活自己。不过，他们之中没有任何人抱怨命运，他们从不幻想自己出生在富裕的家庭，而是对命运的安排安之若素，这一点，福勒和他们截然不同。原来，在母亲的启发下，福勒从小就对现状不满，不甘于这样过一生。母亲时常告诫福勒：“福勒，人并不是生来就要受穷的。我不想让你认命，上帝也不会让我们永远受穷的。要知道，上帝愿意他的每一个孩子都过上富裕的生活，而我们之所以贫穷，只是因为我们从未想过要改变生活，发家致富。在此之前，我们家里的每个人都甘于贫穷，我们必须改变，从你开始，否则连上帝都无法帮助我们。”福勒虽然年纪尚小，对于母亲的话却印象深刻。福勒听从母亲的意愿，决定要经商，以最快速的方法赚取钱财。思来想去，因为缺乏本钱，所以福勒决定从推销肥皂开始。从那之后，他在整整十二年的时间里，始终在挨家挨户地推销肥皂。

一个偶然的机会，福勒听说有家肥皂公司要拍卖，他似乎看到了发财的机会正在向着自己招手，因为他在十二年的时间里已经积累了丰富的销售经验，也为自己树立了良好的口碑。就这样，福勒从朋友那里借了很多钱，再加上自己此前所有的积蓄，而且还从投资公司借债，最终依然差一万美元才能成功购买肥皂公司。夜深人静，无计可施的他绞尽脑汁，在街道上走来走去。突然，他看到有家公司还亮着灯，因而径直走进去，问那个满脸疲惫、伏案疾书的职员："你想赚到一千美元吗？"那个职员不知所以地看着福勒，点了点头，因而福勒讲明自己的事情，并且向对方承诺："如果你愿意开一张一万美元的支票给我，我在还钱的时候，将会额外支付你一千美元的利息。"对于职员而言，这个办法并没有太大的风险，难度也很小，因而他当即表示同意。就这样，福勒成功收购肥皂公司，而且还成为了一家报社以及其他七家公司的股东。他大获成功，彻底改变了自己以及整个家族的命运。当记者采访福勒问他是如何获得成功时，福勒说："要知道，上帝愿意他的每一个孩子都过上富裕的生活，而我们之所以贫穷，只是因为我们从未想过要改变生活，发家致富。"

这正是若干年前母亲告诉福勒的话，这么多年来，他始终把母亲的话记在心中，所以才能够改变命运，发家致富。的确，上帝没有安排他永远贫穷，但是前提是他自己必须想要发家致富，这样上帝才能偏爱他，给予他更多的机会改变命运，收获成功。

中国有句古话，自助者天助之。的确，一个人只有主动积极地面对人生，不遗余力地改变命运，才能真正做到扭转命运，逆袭成功。否则，就算上帝再怎么偏爱，也无法给予我们从天而降的成功，这样我们还如何实现命运的扭转呢？所以，我们不管出身如何，越是出身贫苦，就越是要努力奋斗，这样才能博得成功的机会。要记住，命运永远偏爱那些努力奋斗的孩子，我们唯有奋斗和努力，才能彻底改变命运。

唯有不遗余力地奋斗，才有美好的未来

毋庸置疑，每个人都幻想着顺遂如意的人生，更希望自己在人生的每一个阶段，都能风生水起。然而，现实情况是，除了富二代官二代的青春因为有父辈的庇护，能够做到随心所欲，大多数普通人的青春，或者是在学校里勤奋刻苦地学习，或者是在人生路途中遭遇坎坷，艰难地跋涉。的确，青春就是应该吃苦的年纪，假如我们在该吃苦的年纪选择了安逸，那么我们未来的人生必然会吃更多的苦头。所以大凡聪明、理智的朋友，在父母的督促下，都会不遗余力地奋斗，为着自己的人生拥有更加美好的未来，不懈地付出。

很多年轻人都喜欢追星，当看到自己的青春如此苍白疲惫时，他们不由得幻想着那些明星的青春岁月。的确，出名早的明星，当然会踩着红毯度过自己的青春，在无数的闪光灯下，在众人的瞩目中，光鲜亮丽。然而，他们不知道的是，明星在很小的时候就开始了奔波和奋斗，他们的青春并非不迷惘、不劳累，而是因为他们提前走过了青春的路。这个世界上，从来不会有天上掉馅饼的事，更不会有一蹴而就的成功从天而降。每一个人的收获，都有很多付出，没有付出的人生，也必然无法收获。

丝丝从小就喜欢美术，因而长大后考入大学，如愿以偿地学习了艺术设计。早在大四，她就意识到就业形势的严峻，因而大四下学期，她就开始一边准备毕业论文，一边辛苦地四处奔波找工作。功夫不负有心人，最终，她进入了一家工艺品公司工作，从事各种艺术造型的设计。

然而，当丝丝兴致勃勃地赶到公司报名时，才发现老板对她的态度非常冷漠。原来，老板并不想要一个艺术设计专业的大学生，而是想找一个对于艺术设计有独到见解的策划人员。丝丝之所以被总经理招入公司，就是因为总经理接连参加了很多场招聘会，都没有找到满意的人才，因而只能退而求其次，擅作主张地把丝丝招聘进了公司。

丝丝才工作没几天，公司就接到一个大项目。随之而来的，是外方的合作公司前来考察，决定签约的详细事宜。这次，外方公司是想让中方公司为他们加工制作一批玻璃杯工艺品。考察的整个过程都很顺利，最终却因为外方对玻璃杯上的图案设计不满意，谈判陷入了僵局。情急之下，老板只好面向全公司征集创意，因为外方只会在中国逗留三天，如果三天内设计不出让外方满意的图案，轻则延迟签约，重则导致已经跟踪维护了这么久的项目最终落空。

当看到内部邮箱的征集令时，丝丝感到激动不已，她觉得自己的机会来了。她暗暗想道：假如我这次能够中标，那么老板就不会责怪总经理招聘我进入公司，而是会感谢总经理是伯乐，也会对我刮目相看。从这一刻开始，丝丝废寝忘食，整日泡在图书馆中查阅资料，拓展自己的思路，还会去外面走走看看，从而启发自己的灵感。在两天之后，她终于成功设计出一种非常符合西方审美又具有中国民族元素的图案，而且色彩搭配看似大俗，实则大雅，就像艺术品一样高雅脱俗。毫无疑问，丝丝的设计方案被采纳了，正如她所期望的那样，老板不但对她大加赞赏，而且还对总经理感激万分呢！

一个人要想得到他人的认可，摇尾乞怜是不行的。众所周知，如今是市场经济，不管在哪个公司工作，我们要想得到领导的认可和赏识，必须证明自己的实力，为公司创造实实在在的效益。所谓贡献决定价值，现代职场，我们的贡献直接决定了我们在老板心目中的价值，因此我们说一百句也不如干一件漂亮的事情更能够为自己代言。

要知道，并非每个人的成功都能够那么顺遂和甜蜜，大多数人都要经过漫长的努力，更要经历坎坷和挫折，最终才能凤凰涅槃，浴火重生。在青春的舞台上，我们无须羡慕他人的成功，更不必模仿他人的经历。每个人都有属于自己的人生之路，我们也必须怀揣梦想蹚过青春的河流，最终才能迎来青春最绚烂的绽放。

任何一段拼搏的旅程，都是从勇于改变现状开始

生活中，我们每个人都有自己的梦想，然而，实现梦想的人毕竟是极少一部分人，大部分人与成功无缘，这是因为他们无法承担追求梦想带来的困难和痛苦，所以选择追求安稳的生活，每天两点一线，上班、回家，回家、上班，逐渐对梦想失去激情，而当他们看到他人风光无限或是衣食富足时，又嫉妒得要命。天上不会掉馅饼，即使掉了也不一定会砸到你的头上，凡事有因才有果，你付出了才能有回报，甘于现状、不思进取却又渴望富贵发达，这就是“白日做梦”。

我们也会发现，很多成功人士并不是一开始就是含着金钥匙出生的，而是从做很卑微的工作开始，脚踏实地，一步步走向成

功的，如果没有当初的改变，那么，这些成功者也只能是在温饱线上挣扎的人。同样，对于生活中的我们来说，人生路上，任何一段拼搏的旅程，都是从勇于改变现状开始的。

其实，很多时候，消除恐惧的方法只是作个痛快的决定，只要想做，并坚信自己能成功，那么你就能做成。

小胡已经二十八岁了，刚开始结婚那几年，她是幸福的。她本来以为找个好人家把自己嫁出去，往后的生活会围绕着丈夫与孩子团团转，一辈子也就这样了。但是，当她真的成家以后，又经常感到很迷茫，觉得浑身不自在。

更让她感到糟糕的是，婚后的丈夫好像也变了，找了份安稳的工作后，就变得不思进取，每天下班回家后就是打扑克、泡酒吧，这让她打心眼里嫌弃丈夫的无能和窝囊，再加上家里的经济条件并不是十分宽裕，因而她很不开心，时常唉声叹气。

一个星期天，小胡的一个闺蜜邀她出去喝咖啡，她便开始诉说心里的烦恼，埋怨自己嫁错了人。好友善意地提醒她："如果你总想着让老公多赚外快，增加收入，那么你恐怕很难感到快乐。既然你自己有理想、有能力，为什么不干脆自己创业或者努力工作呢？"这番话点醒了小胡，她仔细一想，觉得好友的话十分在理，于是她开始留意身边的各种机会。

半个月后，邻居准备转让一家餐馆，她就动了心思，打算把餐馆接过来。当时，丈夫和婆婆都不同意，觉得她一个女人能干成什么事。再说，她也缺乏经营经验，而且事情太繁杂，怕她遭罪。但小胡坚持接了下来，很快，因为经营有道，她的生意红红火火。

尤其让她感到高兴的是，因为她打开了自己人生的新局面，丈夫也不再游手好闲，时常来帮她招待客人，管理餐馆的大小事务，在工作中也开始奋发向上。丈夫常感激她，说她让自己找准了人生方向，就像周华健唱的那首歌——“若不是因为你，我依然在风雨里飘来荡去，我早已经放弃……”

如今的他们，在生活中能够互相交流自己的想法和意见，感情也比从前更加融洽了。

这就是一个聪明女人不甘于现状、用自己的能力改变现状的典范。刚开始，她围着丈夫和孩子转，她原本以为这就是幸福，但实际上，这并不是她想要的生活，她很快发现自己过得并不快乐，在闺蜜的提点下，她很快找到了努力的目标。事实证明，她有能力经营好自己的事业、自己的幸福，她与丈夫的感情也比以前更加亲密、融洽了。

据社会学专家预测，未来的社会将变成一个复杂的、充满不确定性的高风险社会，如果人类自由行动的能力总在不断增强的话，那么不确定性也会不断增大。生活中的人们，你应该意识到，各种变化已经在我们身边悄然出现，勇敢地投身于其中的人也越来越多了，而如果你不积极行动起来，缺乏竞争意识、忧患意识，安于现状、不思进取的话，就会被时代所抛弃，被那些敢于冒险的人远远地甩在后面。当然，现阶段，你应该把眼光重点放在培养自己的进取精神上。

当然，我们每个人都应该明白一个道理，说一尺不如行一寸，也只有行动才能缩短自己与目标之间的距离，只有行动才能把理想变为现实。成功的人都把少说话、多做事奉为行动的准则，通过脚踏实地的行动，达成内心的愿望。但任何行动，如果没有一个明确的指引方向，都是无意义的。

诚然，我们渴望成功，都有自己的梦想，但梦想并不是参天大树，而是一颗小种子，需要你去播种，去耕耘；梦想不是一片沃土，而是一片莽荒之地，需要你在上面栽种上绿色。如果你要想成为社会的有用之材，你就要“闻鸡起舞”，甚至需要你“笨鸟先飞”；如果你想著出精神之作，就需要你呕心沥血……梦想的成功是建立在阶段性目标的基础上的，需要以奋斗为基石，如果你要实现你心中的那个梦想，就行动起来吧，去为之努力，为之奋斗，这样你的理想才会实现，才会成为现实。

第 06 章

敢于挑战，普通的人生才会变得不平凡

我们每个人都向往成功，然而，事实上，真正有所成就的人并不多。于是，一些人产生疑问，怎样才能成功？事实上，成功的因素很多，既需要智慧和运气，同时更需要胆量和勇气，只有善于抓住机会、敢于挑战的人，才能成为自己的英雄，获得事业上的成功。

不停地改变自己，才能成为强者

只有真正的强者，才能获得真正的成功。任何情况下，成功都不会从天而降，更不会随随便便青睐那些从不懂得付出和坚持的人。因而，如果你很懒惰，如果你总是等着成功从天而降，你连成功的机会也不会有。很多伟大的成功人士之所以最终顶着荣耀的光环，并不是因为他们天赋异禀，而只是因为他们懂得为了梦想而改变，为了实现梦想而努力付出，坚韧不拔。

说到人生，很多人用一个“熬”字来作为总结。记得有一位老寿星对遭到坎坷磨难的后辈说：“熬吧，熬熬就过去了。”这句话虽然听起来平淡无奇，却揭示了人生的真谛。很多苦难，熬熬就过去了，同样的道理，通往成功的路上，也需要熬。熬着熬着，媳妇就变成婆婆了，熬着熬着，失败就变成成功了。不过，需要注意的是，这里所说的“熬”，并不是消极被动地熬，而是积极主动地熬。面对坎坷和逆境，真正的强者会勇敢地作出改变。心理学家曾经通过研究发现，很多人都是畏惧改变的。例如，人们总是害怕到一个新的环境，害怕换不同的工作，就是因为他们害怕改变，只想安于现状。而大凡成功的人，一定是能勇敢作出改变、能够突破自我的人。举个最简单的例子，一个人工作十年，频繁跳槽，始终是个普通的员工。一个人年纪轻轻就当了老板，不管遇到多么艰难的处境，都从不放弃。普通人之所以频繁跳槽，是因为他们总是在工作中遇到不如意。他们不愿意改变自己，就只能不断地变换环境，最终一事无成。难道那个当老板的年轻人就不曾遇到任何的不如意吗？当然不是，他比从事普通的工作的普通人遇到了更多的困难，而他之所以最终能获得成功，就是因为他能够为了适应外界的环境不停地改变自己。最终，他终于实现了自己的梦想，创造了人生的辉煌。

改变，是一种勇气，唯有改变自己，以适应不能让我们如意的世界，我们才能找到成功的捷径。当然，这里所说的改变与三心二意是完全不同的，改变，并不意味着我们缺乏毅力，总是随波逐流；而是在坚持梦想的前提下，适时地改变自己，从而顺应形势，最终获得梦想中的成功。这样的改变，不是退缩，而是迂回曲折地前进，是为了未来更加奋勇地前进。

沃尔顿家境贫寒，虽然他学习成绩优秀，而且顺利被耶鲁大学录取，但是他没有足够的钱交学费。为此，他很清楚自己也许从此要与大学失之交臂。他不甘心，因而决定利用假期跟随父亲一起去当油漆工，这样就能积攒学费了。一个偶然的机会，沃尔顿得知大富豪迈克尔正在准备油漆房屋。虽然迈克尔给出的报酬很诱人，但是因为大家都知道迈克尔的要求苛刻，而且他本人也毫不留情，所以都不愿意接这个活儿。穷途末路的沃尔顿可不怕，他义无反顾地接了这个活儿，并且尽心尽力、一丝不苟地完成了工作。由于沃尔顿实在是太认真了，所以迈克尔对他的工作非常满意。在浩大的工程就要结束的那一天，沃尔顿必须油漆好最后一扇门。他依然认真地粉刷着，直到这扇门被刷得完美无瑕。不想，当疲劳的沃尔顿站起来想要休息片刻时，却不小心碰倒了晾晒的门板，使得门板上还没有干透的油漆把昨天才粉刷一新的墙壁弄脏了，显出一道刺目的红色印记。沃尔顿顾不上休息，马上用刀刮掉弄脏了的墙壁涂料，又开始做修补工作。然而，无论他怎么努力，那块新粉刷的地方，涂料总是显示出细微的差别，无法达到协调一致。思来想去，沃尔顿决定把正面墙壁都重新粉刷一遍。然而，次日等到沃尔顿再去看墙壁时，又发现那一面墙壁和整幢房子的墙壁颜色出现了细微的差别。思来想去，沃尔顿决定自掏腰包，重新买涂料，把整幢房子的墙壁都再粉刷一次。

当沃尔顿把涂料买来之后，迈克尔刚好来验收房屋了。沃尔顿马上向迈克尔表示了诚挚的歉意，并且保证自己一定会把整幢房屋的墙壁刷得焕然一新，协调一致。不想，迈克尔得知此事后，非常欣赏沃尔顿的工作态度和为人品性，他还主动提出要资助沃尔顿完成学业。最终，在迈克尔的资助下，沃尔顿不仅顺利完成学业，还成为了让迈克尔骄傲的好女婿，最终继承了迈克尔的产业，成为迈克尔一手创办的公司的董事长。如今，世界各地都遍布沃尔顿经营的沃尔玛超市，只不过大家无论如何也想不到，这家超级连锁零售公司的老板居然曾经是个面临辍学窘境的穷小子。与其说是沃尔顿交了好运，不如说是沃尔顿严谨认真的品质、顺势而为的积极改变，让他拥有了今天的成就。

条条大路通罗马，实现梦想的方式有很多。在通往成功的路上，每个人都会遇到不同的困难，有些人被接二连三的困难打倒了，有些人则在困难面前想方设法地改变自己，使自己顺势而为，最终换一种方式取得了成功。

就像事例中的沃尔顿，如果他听天由命，任由读大学的机会悄悄溜走，他也就不会去当油漆工，也就不会认识迈克尔先生。如果面对迈克尔先生的赏识和主动帮助，他表示坚决拒绝，那么也许他一生的轨迹也会从此不同。但是沃尔顿没有这么做，他知道自己应该作出怎样的改变，以使自己渡过难关，迎来人生的春天。所以，他顺势而为，最终成就了自己，也成就了沃尔玛。

勇者无畏，挑战才能迸发出无限的可能性

对于弱者而言，即便只是遇到小小的困难，也会让他们感到泰山压顶般的窒息无力和深刻恐惧。相反，对于强者而言，他们恰如暴风雨来临前的海燕，在海面上不停地翻飞，丝毫不畏惧，反而有着挑战困难的决心和勇气。其实人生也是如此，在每个人的客观条件都相差无几的情况下，为什么有些人的人生是成功的，而有些人的一生注定与失败相伴？究其原因，就是每个人对待困难的态度不同，从而直接决定了人生的状态不同。

成功总是青睐强者，因为强者无畏人生的风风雨雨，始终能够踏着泥泞风雨无阻地前行。成功不喜欢弱者，因为弱者除了抱怨，就是胆怯、退缩，所以也就无法成功地把人生的画卷铺展开。毋庸置疑的是，没有人的人生会是一帆风顺的，任何人的人生都必然要经历坎坷挫折和重重磨难，最终才能让人生的格局从局促逼仄，到开阔敞亮。很多时候，弱者只是在艰难地熬过生活，而从没有主动生活，尽管他们对未知的未来充满恐惧，却从来不知道如何主动迎接未来的到来，而只是一味地被动接受。也正因为如此，弱者被自己怯懦的心灵禁锢住了，他们从不敢离开自己熟悉的领地，更不敢无畏地拓展自己的领地。只有对于强者而言，人生才是天堂，他们非但不会因为人生的未知感到局促不安，反而因此对人生充满好奇和渴望。

强者知道，人生不但是一场没有归途的旅程，更是一场充满挑战和冒险的旅程。未知的旖旎风景在向他们招手，即便眼下的这一刻四周的风景再怎么美妙，也无法留住他们不断探索的脚步和自由自在的心灵。只有当我们勇敢无畏地挑战人生时，人生才是鲜活的存在，也才能迸发出无限的可能性。

作为美国大名鼎鼎的法官，库伯年轻时其实是一个十分胆小怯懦的人，这是许多人都无法想象的。原来，库伯出身贫寒，他的父母都是贫穷的人，父亲是个裁缝，母亲则是个普通的家庭主妇，这也就注定了他们的家只能在贫民窟里，而且一贫如洗。因为家里没有钱买煤块取暖，所以库伯从小就拎着一个破破烂烂的筐去附近的铁路捡火车上掉落的煤渣，这让他觉得无比自卑。为了避免被同学们看到他的窘样，他常常绕道而行，从不为人知的小路穿过。然而，同学们还是很快就发现了库伯的所作所为，因而他们等在库伯的必经之路上，竭尽所能地羞辱他，嘲笑讽刺他。有的时候，他们还会欺负他，把他辛辛苦苦捡到的煤渣撒得到处都是，可想而知，童年时期的库伯始终生活在自卑和恐惧的阴影中。

一个偶然的机会，库伯读了《罗伯特的奋斗》这本书。在这本书里，他看到了一位和他出身相似的少年，始终没有向低微贫贱的生活低头，而是不屈地奋斗着，最终战胜了一切困难，成为了人生的强者。从此之后，库伯爱上了作者赫拉修的书，他总是想法设方地借来赫拉修的书，然后如饥似渴地读完。在几个月后的某一天，库伯再次去捡煤渣，当看到三个鬼鬼祟祟的身影跟在他的身后，企图再次欺辱他时，他原本情不自禁地想要逃跑，最终却勇敢地抓起煤筐中的煤渣，就像一个真正的英雄一样勇敢无畏地朝着那三个身影走过去。这场硬仗之后，库伯彻底扬眉吐气，再也不害怕任何人的欺辱了。从此之后，他的人生字典中再也没有恐惧二字。

库伯的成长经历决定了他的自卑胆怯和懦弱，然而，在受到书中人物的鼓舞之后，他的精神世界越来越充实。也因此，精神上的巨人让他成长为真正的巨人，也使他在备尝生活的艰辛之后，变成了人生的强者。

假如我们总是畏惧外部的力量，那么我们的内心就会陷入深深的恐惧之中，最终失去自信，失去尊严，也使人生陷入恶性循环之中。如果从坚强与怯懦的角度来划分，这个世界上只有两种人，一种人意志如钢，一种人意志软弱。毋庸置疑，意志如钢的人才能主宰自己的命运，才能成为世界的主人。相反，后者即便连自己的命运都无法掌握，更别说成就人生的辉煌了。当这两种人组成了这个世界，立刻就会高下立见，也会区分出不同的层次来。所以朋友们，人生永远是勇敢者的天堂，要想在人生之中叱咤风云，从现在开始就让自己变得勇敢坚强起来吧！

勇敢展开行动，才是切实地改变自己

对于人生，每个人都有无限的憧憬和渴望，希望人生能够顺遂如意，希望人生能够获得巨大的成功，希望自己头顶光环，希望自己得到所有人的羡慕和仰望……诸如此类的愿望，每天都在我们心中回响，然而我们最终会发现人生在空想之中只会永远处于停滞状态，因而无论梦想多么璀璨，理想多么远大，假如没有勇敢展开行动，一切就会变成白日梦，永无实现的可能。人生要想真正地取得成就，就要切实展开行动，因为只有行动才能推动我们在人生的道路上不断前行，使我们拥有更多的可能性。

从古代开始，人们的思想就遭到禁锢。尤其是在封建社会，人们出于对未知大自然的敬畏，制定了很多封建迷信的禁忌，因此畏手畏脚，更因为一旦触犯禁忌就会给整个氏族或者部落的人带来灾难，所以更加谨言慎行。他们视禁忌为雷池，从来不敢轻易越雷池半步。由此世代传承，每个时代都有其鲜明的特色，禁忌也随着统治者的需要不断地改变着。直到现代社会，这些禁忌依然有很多在影响着我们的生活，由此可见思想的囚笼想要打破并没有那么容易。

其实，要想打破禁忌，让人们相信一切的禁忌并非传说中那么神乎其神，最重要的就是展开行动。唯有如此，我们才能验证禁忌并非不可触犯，只是一个迷信的传说而已。前些年，通过教育培养出来的人才整齐划一，这也是因为孩子们从小就被教育要中规中矩，不能超越雷池半步。直到近年来，人们才意识到发展每个人独特性的重要意义，因而提倡因材施教，因势利导，不再主张强硬地磨平孩子们的棱角和个性，这就是时代的进步。

作为独立的个体，我们往往会出于对未知的恐惧，导致自身缺乏创新能力，对未来产生恐惧心理。其实，只要我们勇敢地展开行动，迈出人生的第一步，我们就能成功地改变人生。每个人都要有“敢为天下先”的精神，历史的车轮始终滚滚向前，我们的人生也应该与时俱进。纵观古今中外，那些能够切实改变自己且改变世界的人，无一不具有勇敢果决的行动精神。

很久以前，有位年轻人每天做梦都想发财，因而他几乎日日去教堂里虔诚地祈祷：“上帝啊，我是你忠诚的子民。看在我数年来对您忠心耿耿的分上，请求您让我中大奖吧，我一定会慷慨解囊，多行善事，弘扬您的真善美！”数年来，他的祷告词从未改变过，然而，他依然非常贫困，而且生活变得越发艰难。有一天，他怒气冲冲地来到教堂，质问上帝：“上帝啊，为何你不愿意对我略施援手呢，我的日子简直没法过啦！”此后的接连数天，他都如此祷告，最终上帝忍无可忍，他生气地说：“这么多年来，我的耳朵都快被你磨出老茧来了。你总是祈祷中大奖，但是你至少应该先去买一张彩票，我才有机会帮你吧！”

上帝的委屈让人啼笑皆非，的确，假如年轻人从未买过彩票，即使上帝有心成全他，也没有机会啊。生活中，有很多人都和年轻人一样，总是等着天上掉馅饼，白日做梦，却从不有所行动，最终使所有的梦想与期望都成为镜中花，水中月，根本没有实现的可能。看到这个让人茅塞顿开的事例，我们是否也应该反省自身，让自己真正地展开行动，迎接人生的机遇和挑战呢！

我们要想让人生有所成就，必须马上展开行动，既不要期望天上掉馅饼，也不要说那些不切实际的假大空的话。任何理想都必须付诸实践，才能真正成为现实，否则再伟大的理想都会成为空想，人生也必然会因为这样的空想陷入空虚之中。正如那句广告词所说的那样，心动不如行动，朋友们，与其白白浪费口舌空说理想，不如切实展开行动。当你动起来的时候，你会发现自己的人生变得截然不同，你也会同时拥有更多的机遇，从而真正改变人生。

也许有人会说，行动就一定能成功吗？答案当然是否定的。行动未必会取得成功，但是能够推动我们朝着理想前进，距离成功越来越近，哪怕遭遇失败，也能够帮助我们积累更多的经验教训，从而使我们下一次的尝试更加事半功倍。与此相反，假如永远只是空想，尽管避免了失败，但是也会使我们与成功彻底绝缘。人生中真正的强者，一定会勇敢无畏地展开行动，从而推动人生不断向前，向前，再向前！

勇往直前，人生没有退路

一个人要想拥有精彩的人生，必须坚持不懈地拼搏和奋斗。只有拼搏才能让人生充满希望，也只有拼搏才能让我们始终行走在方向正确的道路上。生活中，我们常常发现，有些人尽管衣食无忧，生活顺遂，看起来却显得老态龙钟，丝毫没有年轻人的精气神。相反，那些处于社会底层一切都要靠自己奋力打拼的年轻人，看似一无所有，实际上却拥有充沛的精力，整日意气风发，斗志昂扬，这就是奋斗的魔力。前者不需要奋斗，因而整个人生都变得萎靡不振，在安逸的生活中失去了向上的动力。后者因为一切都要靠自己，所以反而能够保持积极进取的状态，不管什么情况下都像打不死的小强一样，即便遭遇人生的困境，也因为没有退路，只能一路往前冲。

记得在前些年热播的电视剧《芈月传》中，芈月带着公子稷回秦国继位，路上却前有拦路的敌人，后有追兵，最终导致她不得不不顾一切地驾驶马车朝前冲过去，只想着宁愿鱼死网破，也绝不束手就擒。就连燕国的国相在看到芈月不顾一切的劲头时，也大呼这个女人不得了！的确，正如民间所说，兔子急了还咬人呢，当一个人破釜沉舟想要做成一件事情时，他就会爆发出巨大的能量，甚至排除一切艰难险阻，连自己都对自己的魄力和能力、决心和毅力感到震惊。

任何情况下，人生都不能虚度。倘若虚度人生，也许十年的光阴做到的还没有拼搏的人在一日之中的进步更大。因此，我们必须努力拼搏，才能让人生变得更加充实。尤其是对于那些觉得人生短暂如同白驹过隙的人来说，既然我们无法左右人生的长度，那么就让我们努力拓展人生的宽度吧。如果以计算面积的公式进行计算，显然充实的人生也相当于延长了宝贵的生命，多赚取了比黄金更值得珍惜的时间。

台湾首富王永庆从小家境贫寒，不得不早早辍学做生意。他先是给别人打零工，等到了十六岁的年纪，已经满肚子生意经了。为此，他离开老家，去了嘉义开米店。当时，嘉义城很小，但是已大概有三十家米店，因而竞争特别激烈。那个时候，王永庆资金短缺，租不起繁华地段的门面房，因而只好在偏僻的巷子里开了家小小的米店。由于他的米店开业最晚，店面也小，大多数人根本不知道王永庆米店的存在。刚开张时，米店生意冷清，门可罗雀，别说赚钱了，连维持基本的开销都不可能。为了扩大销路，王永庆不得不背着米挨家推销，然而这个办法并不高明，因为那些家庭主妇都习惯了在固定的店面买米，也不愿意相信走街串巷的小商贩。王永庆眼见着这条路走不通，只好继续想办法，发誓一定要改变局面，打开销路。

经过一番仔细观察和思考，王永庆发现了一个常人没有留意的问题。原来，当时的台湾农业还处于原始的手工业状态，农民们辛辛苦苦种地收割之后，根本没有时间和精力把大米里的小石子等杂物拣出来。为此，当时出售的大米都不够干净，家庭主妇们在淘米之前不但要手工拣出其中的杂物，而且还要淘洗很多遍，这无形中给家庭主妇带来了很多麻烦。想到这里，王永庆决定带着家人清洁大米。他们不辞辛苦地捡出大米中的杂物，诸如小石子、米糠、砂石等。这样一来，主妇们购买了王永庆的大米之后只需要简单淘洗即可入锅，觉得轻松多了。她们一传十，十传百，很快人人都知道王永庆的大米质量好，非常干净，日久天长，王永庆米店的生意越来越好。

尽管王永庆米店的生意越发红火，但是他没有止步于此，而是更加用心地经营。考虑到大米是很沉重的货物，尤其很多老年人根本没有足够的体力把大米运回家，因而王永庆决定展开送货上门的服务，消除年老体弱者买米的后顾之忧。就这样，那些年老体弱者都成了王永庆的忠实客户，包括很多身强体壮的年轻人也都习惯了在王永庆这里买米，享受送货上门的服务。而且王永庆把服务做到了极致，他不但送米上门，还负责把米倒进米缸里。如果遇到顾客的米缸里还有陈米，他就会体贴地把陈米倒出去，等到新米入缸，再把陈米倒在新米上面。如此一来，陈米就不会因为被压在缸底而坏掉，家里有陈米没吃完的顾客也可以放心地购买新米了。如此细致入微的服务，让王永庆博得了每一个顾客的认可和赞许。

后来，王永庆记住了每一个顾客家里的米缸大小，并且记下顾客的购买量，等到顾客家里的米快要吃完之后，他就会主动再次送货上门。这样的用心，使他不但生意越来越红火，而且也赢得了好口碑，好人缘。最终，酒香不怕巷子深，越来越多的顾客专门去他的米店买米。经过原始的资金积累后，王永庆居然在繁华地段租下了很大的门面，外面当米铺，里面直接碾米，保证米源的新鲜充足。正是这样一步一个脚印地不断奋斗，王永庆开创了自己的事业，最终成为了台湾首富。

每个人在奋斗的路上，都不可能一蹴而就获得成功。只有一步一个脚印，踏踏实实地往前走，遇到山就开路，遇到河就修桥，如此才能不断披荆斩棘，获得长足进步的人生。王永庆的人生经历给我们树立了很好的榜样作用，他能够在那么艰难困苦的环境中不断拼搏和奋斗，最终成为台湾首富，我们的人生基础显然比他好多了，为何不能做到坚持不懈地努力呢？

如果说这个世界上有一种果实最为甘甜，那就是我们依靠自身的能力不断奋斗之后获得的成功。它是我们用一点一滴的汗水和泪水换来的，因而会带给我们完全不同的欣喜和愉悦，也带给我们丰收的喜悦。人生，永远离不开奋斗，所谓生命不息，奋斗不止。尤其在现代社会，生活节奏越来越快，工作压力越来越大，人生也如同逆水行舟，不进则退。我们更要打起精神来，满怀激情和希望地对待人生，也充满热情地创造人生。

培养勇气，别被内心放大的恐惧打倒

生活中，困难无处不在，很多时候，打倒人们的不是这些困难，而是内心放大的恐惧。有这样一个小故事：有一只鸭子，在河面上不停地游来游去，想要找鱼吃。可是游了一整天，一条鱼也没找到，到了晚上，它看到月光倒映在水中，以为是鱼，就潜下去抓捕。这时，其他鸭子看到了，都大大地嘲笑了它一番。受此打击后，它即使真的看到鱼儿，也不敢再去捕捉了，结果很快就饿死了。

面对无法避免的压力和打击，如果我们不能用良好的心态面对，结果也就只能和那只鸭子一样，惧怕尝试，即使成功就在眼前，也不敢跨出一步，最终倒下。

这个简单的道理可能每个渴望成功的人都能懂，一些人总是抱怨命运不公，抱怨自己的处境糟糕，抱怨创业难等，但说到克服困难，似乎那些刚出世没多久的小毛孩反倒比大人更勇敢。孩子们敢和鳄鱼拥抱，和巨蟒共舞，因为无惧，所以无畏。

为此，我们每个人都应该记住，无论你失去什么，都不能失去勇气。而勇气也并不是一下子就能获得的，需要你在当下的日常生活中逐渐培养，可能你认为现在的自己确实勇气不足，那么，现在你可以尝试做一些你没有做过或者不擅长的事，这是一种对自我的挑战，因为如果胆小怕事，就不可能获得成功。风险中肯定有困难，但困难中蕴藏着巨大机会的种子。

如果你不能除掉恐惧，那么阴影便会跟着你，变成一种逃也逃不了的遗憾。不要因为恐惧失望而害怕尝试，一旦你正面面对恐惧，很多恐惧都会被击破。

的确，不怕吃苦的人才会有所成就。在你的人生路上，也许会沼泽遍布，荆棘丛生，也许会山重水复，也许会步履蹒跚，也许，你需要在黑暗中摸索很长时间，才能找寻到光明……但这些都算不了什么，一个人只要能把握自己该干什么，那么就应该勇敢地去敲那一扇扇机会之门。

我们也可以发现，古今中外，任何一个成功者，都具有一些共同的特质：他们积极主动，敢作敢为。同样，任何一个人，无论现在处于什么样的境况，要想在未来的社会竞争中脱颖而出，那么，就需要勇气。我们先来看下面一个故事：

有一次，卡兰德在纽约的一个漂亮饭店里，看着游泳的朋友们在阳光下嬉戏，忽然有一种不舒服的感觉涌上心头。卡兰德告诉他们，自己怕晒黑，所以不想下水。朋友们笑着怂恿他："不要因为怕水，你就永远不去游泳……"

阳光溅在他们嫩滑滑、光亮亮的肌肤上，他们像海豚一样骄傲地嬉戏着，而卡兰德其实并不想躲在没有阳光的阴影里看着他们玩乐，他觉得自己是个懦夫。

一个月后，朋友邀卡兰德到一个温泉度假中心，他鼓足勇气下水了。卡兰德发现自己没自己想象中那么无能，但他不敢游到水深的地方。

“试试看，”朋友和蔼地对他说，“让自己灭顶，看会不会沉下去！”

于是，卡兰德试了一下。朋友说得没错，我们在意识清明的状态下，想要沉下去、摸到池底还真的不可能，真是奇妙的体验!

“看，你根本淹不死，为什么要害怕呢？”

卡兰德上了一课，若有所悟。从那天起，他不再怕水，虽然目前不算是游泳健将，但游个四五百米是不成问题的。

和卡兰德一样，其实，在困难面前，你也可以克服恐惧。要知道，现实中的恐怖，远比不上想象中那么可怕。当你遇到困难时，理所当然，你会考虑到事情的难度所在，如此，你便会产生恐惧，会将原本的困难放大。但实际上，假如你能减少思考困难的时间，并着手解决手上的困难，你会发现，事情远比你想象中简单得多。那些成功的人士，都是靠勇敢面对多数人所畏惧的事物，才出人头地的。美国著名拳击教练达马托曾经说过：“英雄和懦夫同样会感到畏惧，只是英雄对畏惧的反应不同而已。”麦克阿瑟在西点军校的演讲中也曾说过这样一句话：“不正面面对恐惧，就得一生一世躲着它。”

在今天开放的全球化世界中，随机性和偶然性越来越大，世事往往变幻莫测，难以捉摸。在如此不确定的环境里，勇气就成了最宝贵的资源。人这一生最可悲的不是没有能力，而是没有勇气。当机遇一次次擦肩而过时，如果没有勇气去抓住，那么其他方面再怎么强也没有用。相反，有了充足的勇气，哪怕自己的条件比不上别人，成功的机会也比别人更多。

现实生活中，可能一些人已经习惯了安稳平淡的生活，似乎少了很多战胜困难的勇气。人生中有许多困难并不是什么坏事，因为逆境可以造就英雄。有了这些磨炼，美玉才会更加完美，刃器才会更加锋利。命运多舛并不是什么可怕的事，可怕的是你无法去克服和跨越它们。

所以，我们每个人都要明白的是，所谓的困难并没有那么可怕，之所以不敢勇敢跨出一步，是因为你内心的恐惧在作怪。任由恐惧将困难放大，就会压倒你自己；而如果你勇敢一点，打倒恐惧，就会发现，原来，所谓的恐惧不过是只纸老虎。

第07章

每个人都是在压力下前进，在错误中成长

现代社会生活中，我们每个人都承受着来自各方面的压力，一些人常抱怨压力太大，压得自己喘不过气来。其实，有压力，才有动力，压力带给我们的不仅是痛苦和沉重，还能激发我们的潜能和内在激情，让我们的潜能得以开发。因此，生活中的人们，从现在起，抛却那些无谓的抱怨吧，并努力提高自己，战胜困难，这样才能收获成功的果实。

无论遇到什么样的压力和困难，都始终向前看

人的一生，必定免不了遇到困难和压力，面对压力，很多人常常会抱怨，会逃避，其实，有压力，才有动力，压力带给我们的不仅是痛苦和沉重，还能激发我们的潜能和内在激情，让我们的潜能得以开发。为此，我们可以说，重压之下，便离成功不远了。

的确，面对重压，如果我们紧盯着压力，不为自己的心理减负的话，我们的眼里就会充满苦难，就会发现脚下的路有沟有坎，一点都不平坦，于是就举步不前，停留在那块平地上，结果自然是一事无成。相反，如果我们能换个角度看待现状，无论遇到什么样的压力和困难，都始终向前看，你看到的就是一条路，顺着路走下去，你就会发现路越来越宽，景色越来越美。

有位名不见经传的年轻人，第一次参加马拉松比赛就获得了冠军，而且还打破了世界记录。

当他冲过终点时，记者蜂拥而上，不断地追问：“你怎么会

取得这么好的成绩？”

年轻人气喘吁吁地回答：“因为我的身后有一匹狼。”

所有的人听后都惊恐地回头张望，但并没看到他身后有什么可怕的东西。

这时他继续说：“三年前，我在一座山林间训练长跑，每天凌晨教练喊我起床练习，尽管我用尽全力，也总是没有进步。”

“有一天清晨，在训练途中，我忽然听到身后传来狼的叫声，刚开始声音很遥远，可是没几秒钟就已经来到我的身后。当时我吓得不敢回头，只知道拼命奔跑逃命。于是，那天我的速度居然是最快的。”

年轻人顿了顿，又说：“回来后教练跟我说：‘原来不是你不行，而是你身后少了一匹狼！’我这才知道，原来根本没有狼，是教练伪装出来的。从那以后，只要训练时，我就想着自己身后有一匹狼正在追赶，包括今天的比赛，那匹狼仍然在追赶着我，我必须战胜它！”

我们每个人都和这位年轻人一样，有着自己的人生目标。可是，怎样让我们的身后也有“狼”呢？这匹狼实际上就是压力。如果在人生路上毫无压力、过于安逸，那么，我们注定平凡一生、碌碌无为；如果有匹“狼”在我们身后追赶着我们前进，我们势必会攀上人生的高峰。

的确，在人生道路上，困难和挫折是不可缺少的，尤其是希望有一番成就的人们，更要有心理准备，人生会起起伏伏，我们无法预料，但是有一点我们一定要牢牢记住：重压之下，便离成功不远了，立于危崖，才能学会飞翔，当你遇到逆境时，千万不要忧郁沮丧，无论发生什么事情，无论你有多么痛苦，都不要整天沉溺于其中无法自拔，不要让痛苦占据你的心灵。困难来临时，我们要有勇气直面困难并且做到一直向好的方向行进，这才是一种努力达到和谐的状态，如此，你终将战胜困难。

人们常说“置之死地而后生”，为什么生命在“死地”却能“后生”？就是因为“死地”给了人巨大的压力，并由此转化成了动力。没有这种“死地”的压力，又哪有“后生”的动力？这一点，也向我们证明了困境的激励作用。

在美国跳水运动史上，有个叫乔妮·埃里克森的运动员，在1967年夏天的一次跳水比赛中，她不幸负伤，除脖子之外，全身瘫痪。乔妮不得不离开她一直梦想的跳水事业，她甚至感到绝望，然而，她并没有向命运妥协，而是开始冷静思考人生的意义和价值。

乔妮认识到：虽然我的身体残疾了，没办法再参加跳水，但我为什么不能在其他道路上奋斗呢？随后，她想到了读书时代的她曾热爱画画。于是，坚强的她捡起了画笔，手不行，她就用嘴，逐渐她学会了怎样用嘴画画，为了练习绘画，她常常累得头晕目眩，有时候画纸上都被她的汗水和泪水浸湿了。

转眼过了很多年，她的努力总算得到了回报，她的一幅风景油画在一次画展上展出后，得到了美术界的好评。

乔妮又想到要学文学，这一想法来源于她的一次经历，当时，有一家刊物向她约稿，要她谈谈自己学绘画的经历和感受，然而，尽管她很用心地写，依然没有写成功，这件事对她的刺激太大了，她才感觉到有必要练习写作水平。

终于，又经过许多艰辛的岁月，她终于实现了自己的文学梦。1976年，乔妮的自传《乔妮》出版了，轰动了文坛，她收到了数以万计的热情洋溢的信。两年后，她的《再前进一步》一书又问世了，该书以作者的亲身经历，告诉残疾人，应该怎样战胜病痛，立志成才。后来，这本书被搬上了银幕，影片的主角由她自己扮演，她成了青年们的偶像，成了千千万万个青年自强不息、奋进不止的榜样。

人生境界就是如此，在生命的过程中，不论是爱情、事业还是学问等等，你勇往直前，到后来竟然发现那是一条绝路，没法走下去时，山穷水尽悲哀失落的心境难免出现。此时不妨往旁边或回头看看，也许有别的出路；即使根本没有路可走了，往天空看吧！虽然身体在重压下，但是心还可以畅游太空，体会宽广深远的人生境界，再也不会觉得自己处于穷途末路。

实际上，上天对我们每个人都是公平的，为什么有些人能攫取成功的果实，有些人却只能甘于平庸？其中一个很大的原因就在于他们是否有走出困境的毅力。命运在为我们创造机会的同时，也为我们制造了不少“麻烦”，如果你在“麻烦”面前倒下了，那么你也就失去了成功的机会；如果你经过挫折、失败的锤炼后变得更加坚强，那么你就是真正的强者。不甘于平庸，不想成为失败者，那你就要有勇气面对困境和压力，而不是懈怠和逃避。

要战胜别人，首先须战胜自己

“人生十四最”中有这样一句话：人生最大的敌人是自己。要想超越他人，要想成功，就必须先超越自己，战胜自己的意识、信心和外界的一切压力。而当人们面对挫折和困难时，却往往容易被压力打败，从而功亏一篑，败给自己。金无足赤，人无完人，人最大的敌人是自己，只有能够战胜自我的人，才是真正的强者。

“要战胜别人，首先须战胜自己。”这是智者的座右铭。人生路上，我们会遇到一些挫折，但我们的敌人不是挫折，不是失败，而是我们自己，是内心的恐惧，如果你认为你会失败，那你就已经失败了，说自己不行的人，总爱给自己说丧气话，遇到困难和挫折，他们总是为自己寻找退却的借口，殊不知，这些话正是自己打败自己的最强有力的武器。一个人，只有把潜藏在身上的自信挖掘出来，时刻保持着强烈的自信心，才会打败困难，成功者之所以成功，是因为他与别人共处逆境时，别人失去了信心，他却下决心实现自己的目标。

曾经有这样一个故事：

在美国，有个刚毕业的年轻人，在一次州内的征兵选拔中，因为体能好、表现优异被选中了，在外人看来，这是一件好事，但他看起来并不高兴。

为了庆祝孙子被选上，他的爷爷从美国的另一个州来看他，看到孙子心情不好，便开导他说：“我的乖孙子，我知道你担心什么，其实真没什么可担心的——你到了陆战队，会遇到两个问题，要么是留在内勤部门，要么是分配到外勤部门。如果是内勤部门，那么，你就完全不用担忧了。”

年轻人接过爷爷的话说：“那要是我被分配到外勤部门呢？”

爷爷说：“同样，如果被分配到外勤部门，你也会遇到两个选择，要么是继续留在美国，要么是分配到国外的军事基地。如果你分配在美国本土，那没什么好担心的嘛！”

年轻人继续问：“那么，若是被分配到国外的基地呢？”

爷爷说：“那也还有两个可能，要么是被分配到崇尚和平的国家，要么是战火纷飞的海湾地区。如果把你分配到和平友好的国家，那也是值得庆幸的好事呀！”

年轻人又问：“爷爷，那要是我不幸被分配到海湾地区呢？”

爷爷说：“你同样会有两个可能，要么是留在总部，要么是被派到前线去参加作战。如果你被分配到总部，那又有什么需要担心的呢！”

年轻人问：“那么，若是我不幸被派往前线作战呢？”

爷爷说：“同样，你会遇到两个选择，要么是安全归来，另一个是不幸负伤。假设你能安然无恙地回来，你还担心什么呢？”

年轻人问：“那倘若我受伤了呢？”

爷爷说：“那也有两个可能，要么是轻伤，要么是身受重伤、危及生命。如果只是受了一点轻伤，而对生命构不成威胁的话，你又何必担心呢？”

年轻人又问：“可万一要是身受重伤呢？”

爷爷说：“即使身受重伤，也会有两种可能性，要么是有活下来的机会，要么是完全无药可治了。如果尚能保全性命，还担心什么呢？”

年轻人再问：“那要是完全救治无效呢？”

爷爷听后哈哈大笑着说：“那你人都死了，还有什么可以担心的呢？”

是啊，这位爷爷说的：“人都死了，还有什么可担心的呢？”这是对人生的一种大彻大悟。有时候，我们对某件事很担心，但只要我们转念一想，最坏的状况莫过于……以这样的心态面对，其实就没有什么可担心的了。

美国著名将领艾森豪威尔将军是这样诠释的：“软弱就会一事无成，我们必须拥有强大的实力。”不正面迎向恐惧、面对挑战，你就得一生一世躲着它。

人们恐惧的表现之一通常是躲避，而试图逃避只会使得这种恐惧加倍。任何人只要去做他所恐惧的事，并持续地做下去，直到有获得成功的纪录做后盾，他便能克服恐惧。既然困难不能凭空消失，那就勇敢去克服吧！

你需要记住的是，在困难面前，逃避无济于事，只有正面迎击，困难才会解决。有时候，你会发现，那些所谓的困难与麻烦只不过是恐惧心理在作怪，每个人的勇气都不是天生的，没有谁是一生下来就充满自信的，只有勇于尝试，才能锻炼出勇气。

美国著名拳击教练达马托曾经说过：“英雄和懦夫同样会感到畏惧，只是英雄对畏惧的反应不同而已。”做曾经不敢做的事，本身就是克服恐惧的过程。如果你退缩、不敢尝试，那么，下次你还是不敢，你永远都做不成。只要你下定决心、勇于尝试，那么，这就证明你已经进步了。在不远的将来，虽然你会遇到很多困难，但你的勇气一定会帮你获得成功。

总之，物竞天择，适者生存，当今社会更是一个处处充满竞争的社会，一个有作为的人必定是敢想敢做的人，而你首先要做的就是消除内心的恐惧，毫无畏惧，自然战无不胜！

端正心态，将压力转化为动力

很久以前，有个农夫牵着驴子往家走。因为天色太晚了，驴子居然一不小心，掉入一口干枯废弃的井中。为了救出驴子，农夫一个人竭尽全力、想方设法，花费了好几个小时的时间，却毫无成效。看着驴子在枯井中痛苦地嘶鸣，时间又已经到了深夜，农夫只好选择放弃。他安慰自己：算了，反正这头驴子已经很老了，也没什么力气了。等到明天白天，我来把它掩埋掉，也就算是对它仁至义尽了。

次日，农夫特意从左邻右舍喊来好几个帮手，和他一起拿着工具去枯井掩埋驴子。看到人们并没有打算对自己施以援手，而是开始把泥土以及垃圾等杂物扔到井里，试图掩埋自己，驴子绝望地嘶鸣着。然而，没过多久，这头驴子突然停止嘶鸣，农夫好奇地探头看向井底，这才发现驴子不停地抖掉人们扔到它背上的泥土，而且非常灵活地站到泥土上面。就这样，驴子不停地努力着，最终居然踩着那些人们扔到井底的杂物和泥土，渐渐接近井口，最终成功脱险。

不得不说，这是一头顽强的驴子。面对生命即将结束的困境，驴子先是绝望地哀鸣，可以肯定的是，它从未放弃生的希望，所以，它才能在短暂的哭泣之后，突然想到逃生的好办法，就这样把原本会结束它生命的一切变成了新的生机。

从驴子的故事中我们不难得出一个结论，任何事情都有其两面性。很多时候，压力并不是绝对的压力，而是在特定条件下可以与动力相互转换的。当然，把压力转化为动力是需要条件的，那就是我们要拥有顽强的心态，从而能够承受压力。反之，倘若我们在压力之下不堪重负，甚至因为压力崩溃掉，那么当然也就失去了转压力为动力的机会和条件。这样一来，压力就会成为彻头彻尾的压力，只会给我们的人生带来负面影响，而对我们的人生没有任何积极的作用。看到这里，聪明的朋友们一定知道，我们必须端正心态，充实自我，才能正确引导各种压力成功转化为动力，从而不断前进和进取。

熟悉企业管理的人都曾经听说过蓝柏格定理。这个定理告诉我们，作为企业的上级，领导必须要适当地为职员制造危机感，从而督促职员不断进步，把压力转化为动力。这个定理最早是由美国大名鼎鼎的银行家路易斯 · B · 蓝柏格提出的，他的本意就是要为下属制造危机感。现实生活中，人们也常说，“井无压力不出油，人无压力轻飘飘”。这句话也在告诉我们，一个人要想有所成就，必须承受压力，拥有动力。尤其是对于那些光鲜亮丽的成功者而言，我们作为旁观者也许只能看到他们成功的一面，他们作为当事者，却更清楚自己走过了怎样艰难坎坷的过程，最终才把压力转化为动力。

当然，需要注意的是，为了与压力更好地和平共处，我们除了要给自己增加压力，从而让自己动力十足之外，在适当的时候，我们还需要学会减压。所谓凡事皆有度，过犹不及，压力也是如此。过大的压力如果彻底把人压垮，那么人们也就失去了把压力转化为动力的机会。只有把握好压力的度，能够让压力与动力之间相互转化，我们的人生才能更加积极主动，实现创造和创新。所以朋友们，让我们正确对待人生的压力吧，只有我们坦然应对压力，我们才能拥有更多的动力，才能真正成为人生的主宰，顶着压力奋力前行。

畏惧现实，只会彻底与成功绝缘

生活中，我们常常对现实感到恐惧，因为现实总是残酷的，它与我们的理想形成鲜明的对比，也使我们更加认识到人生的冷酷无情。其实，恐惧并不是不可原谅的，因为人的本性就是趋利避害，所以在面对人生的诸多危险时，我们难免会情不自禁地觉得恐惧。在这种情况下，与其感到可怕，刻意回避，不如勇敢地迎难而上。当你真的战胜内心的恐惧，切实地展开行动后，你会发现一切并没有什么可怕的，结局也并不如你所想象得那般糟糕。

畏惧现实，往往会使我们的人生停滞不前，作为人生的主角，我们必然会停下前进的脚步。如此一来，人生还谈何进步呢？如果每一次都在还没有切实展开行动之前就否定自己，打击自己的自信心，也打消自己的积极性，长此以往，必然会形成人生的惰性，导致越来越不敢面对可能发生的事情。这样的结果，显然对于人生的发展是极其不利的。从某个角度来说，冒着失败的风险勇往直前，也远远比无所作为好得多。因为无所作为虽然让我们避免了失败，却也让我们失去了一切成功的可能性，使我们彻底与成功绝缘。

作为美国著名的心理学家，埃里希·弗洛姆曾经进行过一个著名的实验。这个实验的起源是几个学生向他请教懦弱将会如何影响一个人，为此，弗洛姆很快就进行了实验。

一天，他没有进行任何说明，就把学生们带到了一间完全封闭、伸手不见五指的屋子里。然后，他引导学生们穿过这间屋子，来到屋子的另一侧。接下来，他打开屋子里的灯，灯光很昏暗，只能让学生们勉强看清楚屋子里的情况。这一看不要紧，学生们全都不由得倒吸了一口冷气，很多学生都心有余悸地浑身瑟瑟发抖。原来，这间屋子是一个巨大的水池，除了他们刚才鱼贯走过来时踩着的一条很狭窄的独木桥之外，下面的水池里全都蠕动着形形色色的毒蛇。其中，还有几条硕大的毒蛇正在高昂着头，朝着他们的方向吐出血红的信子呢！再看看那个独木桥，任何一脚有偏差，都必然导致他们落入这个池子里，成为毒蛇的猎物。学生们惊慌之余全都面面相觑，不知道此时此刻应该说些什么。

这时，弗洛姆问学生们：“现在，谁还敢从这座桥上走过去？”学生们你看我，我看你，甚至有几个胆小的女生吓得不停地往后缩，根本不敢主动请缨。直到很久之后，才有三个男生举起手，表示愿意试一试。第一个学生的一只脚刚刚踩在独木桥上，就犹如蜗牛一样半天才走出一小步；第二个学生刚上桥，就浑身颤抖；第三个学生呢，居然四肢着地趴在桥上，准备爬行过去。这时，弗洛姆把房间里所有的灯都打开了，一瞬间屋子里亮如白昼，视野清晰。在他的引导下，学生们再次仔细观察屋内的情况，这才发现原来独木桥下面还有一层非常结实的防护网，只是因为刚才灯光颜色昏暗，才导致他们没有发现。弗洛姆再次大声问学生们：“这下子你们放心了吧，谁还敢从这座桥上走过？”不想，这种结实的防护网并没有打消学生们心中的恐惧，他们你看看我，我看看你，还是没有人能够勇敢地站出来。最终，有个学生吞吞吐吐地问：“这张网真的能保证我们的安全吗？”实际上，这也是所有学生心中共同的疑问和担忧。这时，弗洛姆笑着说：“实际上，你们的问题不在于桥是否够宽，也不在于防护网是否真的安全，而在于你们内心的恐惧。即便没有防护网，你们也完全可以平安过桥，但是你们心神不宁，恐惧不安，因而表现得如此怯懦。”

在这个试验中，桥下的毒蛇是有毒的，从看到这些毒蛇的那一刻起，学生们的心中也有了无数条毒蛇，使他们的心被恐惧深深震慑。因而要想成功地走过那座独木桥，仅仅确定防护网是否安全并不能收到立竿见影的效果，最重要的是学生们要清除心中的毒蛇，才能坦然地走过独木桥。

现实生活中，很多人之所以会接二连三地失败，并不是因为他们能力不足，也不是因为他们没有帮手，而是因为他们太过在乎困难，导致自己的心被困难禁锢住。常言道，无知者无畏，初生牛犊不怕虎，人往往越是懂得多，越是思虑太过周全，也就越容易裹足不前。在通往成功的路上，我们应该尽量忽视背景，忘记沿途的险恶，这样才能全心全意专注于脚下的路，才能顺利抵达人生的目的地，才能如愿以偿地获得梦寐以求的成功。

毋庸置疑，每个人的心底都有着深深的恐惧，我们唯有清除心中的毒蛇，才能在关键时刻让自己变得强大起来，学会勇敢，学会坚强，并由此铺就人生的道路。朋友们，永远不要被心底里的恐惧禁锢住，当你打破内心深处的坚冰后，你会发现人生其实阳光明媚，充满希望。

抗拒吃苦的人，享受不到成功的喜悦

婴儿从呱呱坠地开始，就喜欢吃甜食，他们沉迷于母乳的甘甜，而不愿意品尝苦涩，这是人的本能导致的，无可指责。然而，随着年岁渐渐增长，每个人都注定了要在人生路上吃苦头，假如我们依然排斥和抗拒吃苦，那么我们最终必然会因为人生缺乏历练，在未来的人生中吃足苦头。

在这个世界上，绝没有两片完全相同的树叶，没有两个完全相同的人。这也就直接决定了人生是不可复制的，每个人都有属于自己的人生，也许可以借鉴他人的成功人生，却不能模仿，更不可能复制他人的人生。从这个角度来说，没有人能够代替我们在人生路上吃苦，同样的道理，我们也不可能对他人感同身受。我们必须坚守自己的世界，尊重他人的世界，在可行的范围内与他人交流、和谐共处，因为没有人能够陪伴我们走到人生终点，我们也不可能陪伴他人走完全程的人生之路。从本质上来说，人生中的很多东西都是身外之物。诸如，我们在乎和看重的金钱名利，在生死面前根本不值一提。相反，我们为了追求那些权势而忽略的感情和爱，才恰恰是我们人生中最值得珍惜的东西。所以，真正明智的朋友，不会抗拒吃苦，也不会为了让自己今日享福，就放弃对人生未来的把握。我们每个人在人生路上都要把眼光放得长远一些，这样我们才能真正把握人生的真谛，从而使我们的人生按照我们设想得那样，不断向前发展，最终获得成功。

打个形象的比方，很多朋友都骑过自行车，都知道骑自行车要想平稳地向前走就必须保持平衡，而且要始终充满动力。一旦停下来，在没有外部支撑的情况下，自行车很难保持平衡。人生也是同样的道理，大多数人的人生都在痛苦中挣扎，时而感到苦恼，时而感到满足，又时而感到幸福和快乐，或者害怕失去。总而言之，人的心理状态和静止状态下的自行车一样，很难真正保持平衡。在这种情况下，我们必须端正心态，采取正确的人生态度，才能从容摆脱人生的困惑，帮助人生保持平衡。

其实，吃苦原本应该是人生的常态。正如这个世界上有了丑的衬托，才有美的表现一样，生活中也正是因为有了苦作为衬托，才有了甜蜜。假如一个人从一生下来就被泡在蜜罐里，那么即使他的生活非常幸福，他也是无法感觉到幸福甜蜜的。因为，他的人生中没有苦的陪衬。我们活着，有些苦总是要吃的，哪怕我们今日躲过了吃苦，未来的人生路上也必然会因为现在的顺遂而陷入困顿。可以说，吃苦是人生成长的必经过程，也是人生之中无法跳过的阶段。

生活中，不乏有些朋友抱怨命运不公，他们觉得命运在捉弄他们，让他们承受别人未曾承受的痛苦。实际上，命运并非不公平，这个世界上也没有任何痛苦是特意为哪个人准备的。在地球村上，每个人都在享受命运平等的对待，你所受的苦即便你身边没有人受过，在这个世界上的某个角落，也一定有人对你感同身受。所以朋友们，我们必须坚强，唯有如此，我们才能熬过人生中最难熬的阶段，从而实现人生的超越。

人生在世，还应该摆正心态。很多癌症病人之所以可以奇迹般地度过医生宣告的死期，就是因为他们能够保持乐观开朗，从而与癌细胞和平共处。还有些朋友虽然遭遇了很多坎坷挫折，却能够勇敢面对，也是因为他们心中坦然，把这些坎坷和挫折都当成人生的必然经历。当我们把吃苦当成享用美食一样甘之如饴，那么苦难就无法击垮我们，只能成为我们人生的养料。

归根结底，吃苦对于我们的人生只有好处，没有坏处。曾经有心理学家经过研究发现，那些在童年时期吃苦的人，长大之后都懂得珍惜生活，也能够经营好自己的人生。相反，那些早期生活非常顺利的孩子，因为未曾吃过多少苦，所以根本不懂得人生疾苦，最终对于生活的理解非常浅薄，对待生活的态度也非常肤浅虚荣。最终，他们就会失去在人生中的优势，反而在长大成人之后变得默默无闻，甚至活得不如那些普通的孩子。诸如美国童星麦考利·卡尔金，他不仅主演过《独自在家》，而且还拍摄过《小鬼当家》，可谓大名鼎鼎。但是他刚刚进入少年时代就失去了人生的方向，最终把自己的人生彻底颠覆。

每个年轻人都不应该拒绝吃苦，就像温室里的花朵没有经过风吹雨打，就无法茁壮成长一样，年轻人在该吃苦的年纪没有吃苦，那么吃苦的日子早晚有一天会到来的。尤其是现代社会各种压力扑面而来，压得人甚至喘不过来气，在这种情况下，我们更需要拥有坚强不屈的内心、健康的心态，才能成功度过人生中各种艰难的时刻，最终赢得人生的收获。朋友们，记住，不管对于我们自身而言，还是对于我们的下一代而言，我们都要坚持“吃苦趁早，成名不急”的原则。

第08章

与其在痛苦中煎熬，不如让内心强大起来

相信我们每个人都知道，在人生道路上，遭遇困难和挫折是难免的，人生起起落落也无法预料，但是有一点我们一定要牢牢记住：将困难置于渺小的境地，你在心态上就战胜了困难。因此，当我们遇到逆境时，千万不要忧郁沮丧，无论发生什么事情，无论你有多么痛苦，都不要整天沉溺于其中无法自拔，不要让痛苦占据你的心灵。困难来临时，我们要有勇气直面困难、打倒困难，以顽强的意志战胜困难。的确，生命路上，谁也不会一帆风顺，但困难也是砥砺人生的一把利器，我们要咬牙忍住，才能使自己永远立于不败之地，才能驾驭自己的人生，真正意义上实现人生价值。

战胜自己的人，才是真正的强大，才能无往不胜

人最大的敌人是谁？是自己。很多时候，我们会觉得恐惧、焦虑、不安，这些负面的情绪和感受，都来自于我们的内心。如果我们的内心足够强大，就不会轻易被来自于外界的恐惧打败，所以，我们首先要做的是战胜自己。很多时候，我们觉得自己很了解自己，殊不知，我们最熟悉的人是自己，最陌生的人也是自己。苏轼曾经作诗表达自己人在庐山却无法欣赏庐山全景的感慨——“不识庐山真面目，只缘身在此山中”。这句话的道理显而易见，我们之所以说自己是最熟悉的陌生人，是因为我们住在自己的心里，所以无法客观公正地评价自己的内心。甚至有很多时候，我们会发现对自己很陌生，因为我们的内心常常会跳出我们完全不了解的一些想法或者观念。由此可见，要想战胜自己，我们首先要了解自己的内心。

也许有人会说，我觉得我自己很强大，无须战胜自己，我就已经足够强大了。或许，你有着很高的职位，或许你有金钱和

权势，也或许你体格健壮，是个无人能敌的强者，然而，这并不意味着你的内心同样强大。很多人把强大理解为没有人能够战胜的力量，其实，强大更多的时候代表着平静。一个情绪特别容易起波澜的人，不能称之为一个强大的人，举例来说，有个人非常强壮，但是很容易动怒。如果你想打倒他，不用动手，只需要激怒他就可以让他被怒火冲昏头脑，这不叫真正的强大。还有的人心思狭隘，经常因为一些不值一提的小事就郁郁寡欢，生活之于他，似乎就是每天生生气，再郁闷郁闷，这样的人，权势再高，也不叫强大。古代有些皇帝，贵为天子，却杀戮成性，用武力治理天下，其实他们的内心很空虚，这样的人更不能称为强大。真正的强者，拥有一颗淡定从容的心，大肚能容天下之事，笑口常开无所忧虑。遇到高兴的事不会得意忘形，遇到为难的事不会一筹莫展，遇到吃亏上当的事可以宽容别人，这才是真正的强者。

1867年，居里夫人出生在波兰。她的家庭非常贫困，也许正是这样贫困的生活铸就了她坚持不懈的顽强毅力。由于家里没有多余的钱供养她，居里夫人在巴黎读书时，生活条件非常简陋，她租住的小阁楼里什么都没有，只能勉强遮风挡雨。为了读书，她在图书馆度过了每一个夜晚。每当冬天到来时，即使她把自己所有的衣服都穿在身上，也还是冻得颤颤巍巍，为了省钱，她每天只吃面包，喝水。即使生活如此艰难，居里夫人依然坚持学习，从未想过放弃。四年过去了，勤奋好学的她顺利取得了物理学和数学硕士学位。

1895年，居里夫人和志同道合的比埃尔·居里组成了家庭，结婚之后，他们的生活依然很贫困。然而，他们并不在意自己的生活，而是携手并肩，开始在科学研究的道路上一起前行。为了找到一种能穿透非透明物体的射线，他们借用了一个阴暗潮湿的木棚。为了节省研究经费，他们不惜走很远的路，去买一种价格相对低廉的沥青矿渣，作为提炼那种射线的原材料。

他们的实验设备非常简陋，但是这丝毫没有影响他们实验的热情。居里夫人每天都穿着肮脏的工作服，拿着木棍搅拌大锅中加热的沥青矿渣。为了节省人力，他们没有助手，居里夫人必须自己搬动四十多斤的容器。在经历无数次失败之后，她也毫不气馁，整整用了四年时间，才从好几顿的原材料里提取出1/10克镭的化合物——氯化镭。这种物质的放射性很强，能够穿透很多物质，氯化镭的问世，让整个世界为之震惊。1903年，居里夫妇获得了诺贝尔奖。

三年之后，比埃尔·居里因为车祸去世了。居里夫人不但失去了挚爱的丈夫，也失去了科学道路上最好的导师。在如此沉重的打击下，她依然振奋精神，继续进行科学研究。又过去了好几年，居里夫人终于成功提练出1克纯镭。她把这宝贵的镭捐献给了法国镭学研究院，很多癌症病人因此获益。1911年，居里夫人再次获得诺贝尔奖。

因为内心的强大，居里夫人一生历经坎坷，在科学研究的道路上吃足了苦头，但是她从未放弃过，更未妥协过。正是因为她有着坚强无比的内心，她才能为科学事业的发展作出如此卓越的贡献，才能两次获得诺贝尔奖。

在人生的道路上，不管做什么事情，要想获得成功，我们都应该首先强大自己的内心。唯有如此，我们才能坦然面对不期而至的灾难和苦难，才能一往无前地走下去。

哭，不能解决任何实际的问题

人有七情，喜、怒、忧、惧、爱、憎、欲，对应这些感情，就有了哭哭笑笑的人生。快乐的时候，我们欢笑；悲伤的时候，我们哭泣；担忧的时候，我们紧皱眉头；憎恶的时候，我们撇撇嘴巴，表达不屑……人的表情非常丰富，可以表达内心深处极其细微的感情。著名画家徐悲鸿观察力极其敏锐，曾经把人的表情归为喜、怒、哀、惧、爱、厌、勇、怯这些类别。其实，这只是大类，如果仔细分辨，人的表情足足高达7000种以上，可谓千变万化。那么，究竟是什么支撑着如此丰富的表情在人类脸上轮番上演呢？研究证实，人类的脸上有几千条肌肉可以调动，以此来表达丰富的情绪。这些肌肉是人类表情的导演，让喜怒哀乐惧等情绪轮番在我们的脸上呈现。如此多的表情之后，有一种非常特殊的表情，它伴随我们来到人世，陪伴我们一生，那就是——哭。

新生儿为什么会哭呢？很多人都知道，新生儿呱呱坠地的时候必须哭，如果不哭，医生甚至会拍拍他的小屁股，让他发出强有力的哭声。新生儿的哭泣是一种正常的生理活动，哭泣能够促进新生儿的肺部发育，扩大新生儿的肺活量。因此，新生儿的哭泣纯粹出于生理需求，他同时也以此昭告世界：我来了。在此之后，在学会用语言表达自己的需求之前，婴儿大多数用哭泣表达自己的需要。饿了要哭，尿了要哭，困了要哭，便便了要哭，或者觉得哪里不舒服了，也要哭……如此多的哭声，需要妈妈用心去感受，才能分辨出婴儿的需要。可以说，在出生后的很长一段时间内，哭是婴儿的语言。

长大以后，我们很少哭泣，哭泣，似乎是怯懦软弱的代名词。女性还好，因为哭泣似乎是她们的专利，人们很少去指责一个因为伤心而哭泣的女性。男性则不同，几千年来，社会赋予男性勇敢承担的角色，所以成年男性很少哭泣，因此才有“男儿有泪不轻弹”。其实，哭泣并非一无是处，至少哭泣可以帮助我们发泄感情，让我们能够很好地舒展情绪，不至于郁结于心。然而，从解决问题的角度来说，哭泣是毫无用处的。哭泣能解决问题吗？不能。事情的结果会因为你的哭泣改变吗？不能。哭泣能够弥补事情的结果吗？不能。这么多的不能，让我们意识到，哭泣于事无补，所以，如果你想发泄情绪，那就找个没人的地方痛痛快快地哭一场。如果你想解决问题，那么就忍住泪水，积极地想办法。

秀高考落榜了，原本她以为自己能考进一所很好的大学。谁也想不到，她因为紧张发挥失常，与心仪的大学失之交臂。高考，在那个年代，意味着一生的梦想。秀觉得自己的人生垮了，她不好意思去复读，觉得太丢人了，所以，她选择在家里哭泣。几个月了，她从未出家门，每天夜里都泪湿枕巾，让父母操碎了心。

一天，在外地上大学的米粒回家看望父母，她是秀最好的朋友，还是三年的高中同窗。当听说秀到现在还没有走出高考落榜的阴影后，米粒觉得得去看看秀，骂醒她。看到秀，米粒大吃一惊，虽然时间只过去几个月，秀红润的脸庞却已经塌陷，脸色蜡黄蜡黄的，再看看秀的父母，已然老了好几岁。看到米粒来了，秀的父母很高兴，他们知道，秀和米粒是好朋友。

米粒劈头盖脸地问：“秀，你到底准备哭到什么时候？”秀眼睛红红的，说：“你去上大学了，当然不理解我的心情。我完了，这辈子都完了。”米粒嗤之以鼻，不屑地说：“我不是因为你没考上大学鄙视你，我是因为你现在的样子鄙视你。哭有用吗？今年考不上，如果想考，明年也可以考啊！如果不想考，那就该干吗干吗去，不上大学的人多了，人家不也活得好好的嘛！”秀绝望地说：“不上大学能干什么，只能种地。我不想面朝黄土，背朝天。”米粒突然故作神秘地对秀说：“秀，你和我去我读大学的那个城市吧，你知道吗，大城市工作机会很多，不上大学，也能找工作。再告诉你一个秘密，我们的辅导老师就不是大学生。他和你一样，高考落榜了，后来参加了工作，又自学成才，读完了研究生，现在是我们的辅导老师呢！”秀瞪大眼睛：“你说的是真的吗？工作了，也还可以再读书？”米粒毋庸置疑地说：“当然了。现在教育的方式多种多样，想要提升学历也很容易。为了替你打听这些事情，我专门去请教的辅导老师呢！”听了米粒的话，秀的眼睛放出了光芒。

秀背起行囊去了大城市打工，她不想因为自己高考失利再增加父母的负担。她要边工作，边学习，提升自己。一定不能比米粒落后，她暗暗告诉自己。

哭泣，只能发泄我们的情绪，而不管遇到什么事，我们都不能永远地沉迷于悲伤的情绪之中。再悲伤，再绝望，情绪都终究要散去。如果一直沉浸在负面情绪中不能自拔，每天哭肿了眼睛，最终的结果只能是耽误自己的前程，使自己的人生沉沦，再沉沦。秀很幸运，有米粒这个好朋友，米粒给她指出了一条道路，让她重新看到生活的希望，未来，秀一定会走出属于自己的人生。

朋友们，你们是否也常常哭泣？现代社会，生活节奏越来越快，生活压力越来越大。如果觉得心情不好，不妨约上三五好友，做些让自己开心的事情。如果遇到难处，想要哭泣，那就尽情地哭吧，别忘了，哭泣之后，擦干泪水，继续前进！

心态是否积极，也决定了生活给予我们的回馈

每当做事情不顺利、总是磕磕绊绊的时候，人们总是说自己很倒霉，或者抱怨命运不公平。其实，命运是很公平的，很多时候，命运之所以表现出明显的偏向，只是因为人们的心态不同。当然，一切并不都是命运安排的，确切地说，不同的心态导致我们面对生活的态度不同，不同的态度又决定了我们的命运大为迥异。归根结底，并不是命运对谁薄情寡义，而是我们的心态决定了生活给予我们的回馈。很久以前，就曾有人说过，生活是一面镜子，你对着它微笑，它就回报你微笑；你对着它苦笑，它就对着你苦笑；你对着它皱眉，它也对着你皱眉。这句话深刻地揭示了生活的真谛。

聪明的人当然知道应该如何面对生活，即使生活给我们设置了重重阻碍和困难，只要我们积极乐观地面对，那么这一切艰难

险阻终将会被踩在我们的脚下。反之，在生活中非常脆弱的人是很难获得生活青睐的，因为困难还没将他打倒的时候，他就已经先被吓倒了。机遇只属于有准备的人，这里所说的有准备的人，指的是不放弃自己、坚定不移地前进的人。即使遇到困难，他们也能勇往直前，跌倒了再站起来。这样的人，才是命运青睐的强者，自然也能够抓住很多转瞬即逝的机会。

在很小的时候，霍金就对自然科学表现出浓厚的兴趣。读大学期间，霍金还很健康，他突然想到，肯定有一套理论能够解释宇宙之间的种种现象，从此，他沉迷于其中。21岁那年，霍金不幸身患绝症，被医生宣判生命只能维持两年。刚刚得知这个消息时，他非常绝望，从此意志消沉。有一天晚上，他做了一个梦，梦见自己力所能及地帮助了很多人。两年的时间过去了，霍金的情况没有极度恶化，生命暂时无忧。想到自己曾经的病友很快就去世了，霍金不禁开始庆幸自己还算幸运，至少还活着。再想想自己17岁就考入剑桥大学，说明自己的头脑还是非常灵活的。想到这些，再想想自己深爱的妻子，霍金决定向命运发起挑战。

霍金开始继续自己的研究，他沉浸在自己的学术世界中，完全忘记了疾病对他的困扰。他希望每一个人都把他当成健全的人对待，因为他的精神丝毫没有残疾。霍金有着强烈的意志力，对生活有着自己的计划。在身患绝症之后，他几次都差点儿被死神夺去生命，最终却又凭借着乐观和顽强的精神，战胜了病魔。在一次演讲结束后，面对记者的提问，霍金乐观地回答道："命运并没有夺走我的一切，至少，我还有三个手指和两个眼珠能动，我的大脑也完全健康。此外，我还有朋友和爱人，我还有一颗满怀感激的心……"霍金的回答，让在场的人无不由衷钦佩，他们给予了霍金最热烈和最诚挚的掌声。

正因为乐观坚强地面对生活，霍金才能身残志坚，最终为科学研究作出了卓越的贡献。人们评价他为继爱迪生之后最杰出的物理学家之一，甚至赞誉他为"宇宙之王"。霍金的成就不是命运的赏赐，而是他永不屈服的心征服命运之后的战利品！

如果霍金被命运打败，这个世界上就少了一位杰出的物理学家。幸运的是，尽管霍金全身上下只有一对眼珠和三根手指能动，但这丝毫没有削弱他在科学研究道路上的雄心壮志，在命运面前，霍金是不折不扣的强者。

年轻人，你们之中有几个人曾经遭受霍金这样的打击呢？可以说，霍金的疾病对于大多数人来说，都是致命的。如果不是拥有顽强的意志和乐观的精神，他不可能战胜命运。正如霍金所说的，他还有三根手指可以动，还有健康的大脑，还有亲人和朋友。不管命运给予我们怎样的磨难，只要我们傲然屹立，就会超越磨难，成就自我。

哪怕假装坚强，也能成为自己的依靠

一撇一捺，就是一个大写的“人”字。人之所以能够站立，是因为有支撑。每个人都有脊梁骨，坚强的人总是挺着脊梁骨，让自己站得更直，更坚定。有些人渐渐被生活累弯了腰，不由得弯下了脊梁骨，还有些人似乎天生脊梁骨就很软，少许的重量到了他的身上，脊梁骨就会被压塌。通常情况下，人们会选择挺直脊梁，因为软弱并不能让我们得到好运，相反，别人会投来鄙夷和蔑视的目光。也许有人会说，我真的想挺直脊梁，但是我没有那么强的力量，这样的人是缺乏自信的。试想，一个人对自己都没有信心，还能干好什么事情呢？

生活就像是逆水行舟，在漫无边际的大海上，海面时而平静如镜，时而清风微澜，时而巨浪滔天。这个时候，你是弃船而逃，还是迎风破浪地前进？跳进大海，必死无疑；殊死一搏，也许还有生机，在这种情况下，选择显而易见。当面对生活的诸多磨难时，我们只能选择坚强，即使做不到真的坚强，也要伪装坚强。伪装坚强有什么作用呢？千万不要小看伪装坚强的作用，它会给你强大的心理暗示，甚至激发你无限的潜能。当遇到一个尴尬的突发事件时，你是选择哭，还是选择面对？哭，情况会更加糟糕；面对，也许能够扭转局面，也许能够争取好转的机会。当你伪装坚强面对自己的内心时，你也会变得真正坚强起来。首先，伪装坚强的你不能大声哭泣，即使面对困难，也要假装微笑。当你感受到自己的笑容，你会暗示自己的言行举止也符合坚强的标准。其次，伪装坚强的你，不但要成为自己的依靠，甚至还要成为他人的精神支柱，如此一来，你的伪装必须和真的一样。就这样坚持着伪装坚强，渐渐地，你会发现自己会真的开始坚强地去面对困难。因为，你会发现坚强并不像想象得那么困难。

张敏人到中年，有一个幸福的家庭和一个可爱的女儿。然而，丈夫自从生意越做越大之后，回家的时间越来越晚，张敏渐渐感觉到异样。她总是安慰自己：“我们是结发夫妻，老李不会那么薄情寡义的。”直到她亲眼看到一个年轻漂亮的女人和丈夫手挽手进了酒店，才不情愿地面对了真相。

为了维护自己的尊严，张敏答应了丈夫提出的离婚要求。女儿归张敏，所有的家产都给了前夫，除了女儿的抚养费，张敏一分钱都没要，就这样，年近四十的张敏一切从零开始。张敏婚后有了孩子，一直在家相夫教子，照顾家庭，教育女儿。如今，她人到中年，却不得不开始四处找工作。没人的时候，张敏哭得痛不欲生，然而，每当出了家门，或者在女儿以及亲戚朋友面前，她总是伪装坚强。张敏很好强，她不想让别人可怜她，同情她。就这样，所有人看到的张敏都一如往常，淡淡的妆容，得体的衣服，不卑不亢的态度，从不喊冤叫屈，这就是张敏。大家都很佩服张敏的骨气和坚强，只有张敏知道，自己是伪装坚强。每天晚上，她都打落牙齿往肚子里咽，泪水往肚子里流，还要防止被年幼的女儿听见。

没多久，张敏找到了一份工作，虽然工资不高，但是总算能够养活她和女儿。渐渐地，张敏惊讶地发现自己不再心痛了，她告诉自己：为这样一个男人，不值得。她工作之后，还报名参加了计算机培训班，以便让自己尽快适应现代化的办公手段。她的生活越来越充实，很快就完成了家庭妇女向职业妇女的转型。如今的张敏，工作上表现出色，女儿也越来越懂事乖巧，人生已经开辟了新天地。

事例中的张敏，如果刚刚离婚的时候像祥林嫂一样见人就哭诉，总是郁郁寡欢，愁眉不展，泪水不干，那么很难这么快就走出离婚的阴影。所幸，她也许是因为碍于面子，也许是为了不让女儿和亲戚朋友跟着担心，所以采取了伪装坚强的方式来伪装自己。正因为如此，她的言行举止也必须符合坚强的定义，渐渐地，她从形式上的坚强，变成了真正的坚强。

人的一生短暂而又漫长，快乐的时候，时光飞逝；悲伤的时候，度日如年。我们在人生之中难免遭遇种种困境，碰到各种难题，甚至是看似无法战胜的灾难。然而，只要我们坚强，哪怕是伪装坚强，假装让自己挺起脊梁，傲然站立，也能够激发内心深处的潜能，熬过难熬的人生阶段。人们常说凤凰涅槃，人又何尝不是如此呢！不经历风雨，怎能见彩虹，这句话任何时候都有用。

宝剑锋从磨砺出，梅花香自苦寒来，坚强地面对苦难，我们才能提升自己，凤凰涅槃。

坚强，有的时候是由内而外的，有的时候是由外而内的。伪装坚强，也是坚强，任何时候，只有挺起脊梁，才能成为一个大写的“人”。

充实自己的心灵，丰盈自己的人生

很多农民夫妇，一辈子面朝黄土背朝天，没有一起欣赏过音乐会，更没有一起看过电影，但是他们恩恩爱爱一生，把朴实的感情都融化在生活的点点滴滴中。这是因为，他们有着共同的语言，有着相同的生活目标。假如换一种搭配，一个大学教师和一个农妇在一起生活，也许也能过一辈子，但也是包容和容忍的一辈子。当然，悲观地看，也许过了没多久，婚姻就会破裂。这是因为，农妇关心的问题和大学教师关心的问题截然不同，他们一个关心地里能长多少庄稼，一个关心如何更好地教会学生做人做事。抽象地说，他们一个务实，一个务虚，当交流出现巨大障碍的时候，人们常说对牛弹琴。打个简单的比方，大学教师和农妇的交流也是相当于对牛弹琴，当然，反之也是如此。因此，在知识分子上山下乡的年代，无数知识分子在娶了农妇老婆之后，回城以后都选择了离婚。由此可见，夫妻在一起共同生活，走过漫长的岁月，经历人生的坎坷和挫折，是必须要有共同语言的。既然交流的作用如此重要，那么每个人都应该充实自己的心灵，丰盈自己的人生。

也许是因为受到封建思想的影响，很多女性朋友在结婚之后就放弃了自我充实。她们终日和柴米油盐打交道，早已没有时间和精力去欣赏高雅的音乐，也没有闲情逸致再去捧起书本。殊不知，这样是非常危险的，大多数家庭，在有了孩子之后，都是由女性负责照顾孩子，男性则和之前一样日日工作。由此一来，女性必然会脱离社会，如果再不努力充实自己，只怕会和所爱的人渐渐失去共同语言。也许会有女性朋友说，天天带孩子忙得昏头涨脑，哪里还有时间从事高雅的活动啊！其实，要想充实自己，最简单快捷的方式，就是读书。每天，每个小时，每分钟，我们都可以找出点点滴滴的时间，拿起一本书，细细品味，深刻思考。书籍，是人类知识的灵魂，不管时代如何发展，书籍在人类的历史上都占据着无可取代的重要地位。除此之外，如果有时间也有闲情，还可以四处旅游，走走看看。总而言之，充实心灵的方式有很多，既有适合足不出户的，也有适合大段时间的。只要是有心人，总能够找到时间充实心灵。

闺蜜聚会上，豆豆喋喋不休地向闺蜜大吐苦水，说她老公总是和朋友们出去打台球、K歌，有了闲暇时间从来不会用于陪伴她。小敏听了之后，纳闷地问："你老公有自己的兴趣爱好，这是好事啊！我们家那个总是不愿意出门，也没有什么朋友，天天窝在家里，我都嫌烦。"豆豆羡慕地说："那多好啊，可以好好陪你啊！"小敏笑着说："又不是新婚夫妻，都老夫老妻了，谁要他陪啊！你不知道，他在家我很麻烦，还得伺候他。我希望他出去和朋友在一起，这样我就有时间做自己的事情啦！"豆豆疑惑地问："你有什么事情，要独自一个人做呢？"小敏说："很多事情啊！白天，要接送孩子上学，上班，洗衣做饭，只有晚上的时间才属于自己。我啊，买了很多书，晚上的时间，打开台灯，静静地看一本书，品品茶，是多么惬意的事情啊！我家那位如今也和我一样，每天晚上，我们就一盏灯，一本书，一壶茶。"听着小敏描述的情形，闺蜜们都羡慕不已。小敏说："姐妹们，看看书真的是非常有好处的。以前，我家那位话特别少，有的时候我根本不知道他心里在想什么。现在不一样了，我们轮流读同一本书，经常会就书中的情节展开讨论，还会结合实际生活，互相发表见解。如今，我们是最了解彼此的人，最重要的是，我家那位是个高高在上的教授，虽然我也是大学生，但是思想上和他相比还是差一大截。如今，他几次夸我思想越来越深刻呢，我们夫妻间的共同语言也越来越多了。"

豆豆不解地问：“要是不喜欢看书怎么办呢？我从小就不爱学习，不喜欢看书。”小敏嗔怪地说：“不喜欢看书，还有很多其他的方式充实心灵啊！可以看一些经典的影片，去看一些名胜古迹。总之，只要能触动我们思想和灵魂的，都可以啊！”豆豆恍然大悟，她说：“嗯，有道理。回家之后，我也要引导我家那个肤浅的家伙，和我一起充实心灵。他爱看经典影片，我不爱看，现在看来，我也应该多看看啦！”

当两个相爱的人携手并肩走入婚姻殿堂的时候，他们的起点是相同的。如果其中一方在婚后始终保持进步的姿态，另外一方却沉迷于柴米油盐酱醋茶的琐碎，那么，他们彼此之间的距离会越来越远，共同语言也会越来越少。

年轻的朋友们，人们常说活到老，学到老，这一点对于婚姻生活同样适用。相爱的人能够一起学习，充实心灵，携手并肩在人生之路上前行，就是最大的幸福，心灵的契合，会让婚姻更加和谐，默契。

随着生活的磨砺，我们的心灵渐渐变得坚硬，夫妻间原本的温情也会消耗掉。读书、旅行等美好的事情，会让我们对生活感恩。人生如逆水行舟，不进则退，我们要时时提升自己，才不会被时代的车轮远远落下。

第 09 章

成功从来不会一帆风顺，坚持下去才能看到曙光

有人说，人生就像一场牌局，真正的赢家，是能将牌出得精彩的人，因为他们即使得到的是最差的牌，也会坚持到最后，精心打出每一张牌，也就是说，恒心是我们每个人获得成功人生的前提。没有人能随随便便成功，对于梦想，只有坚持，才有实现的一天。世界上的事情就是这样，成功需要坚持，我们也要记住这一点，做任何事，如果有丝毫松懈，就会前功尽弃。

心态积极，乐观面对人生

人生在世，谁都不甘于平庸，谁都希望成功，但我们又不得不面对这样一个事实：在这个世界上，成功卓越者少，失败平庸者多。成功者自信、潇洒，而失败者空虚、自卑，而如果你仔细观察、比较，就会发现，造成这一差异的原因在于他们的心态不同。成功者始终用积极的思考、乐观的精神和辉煌的经验支配和控制自己的人生，他们用积极的意念鼓励自己，于是能想尽办法，不断前进，直至成功。而失败人士则习惯于用消极的心态去面对人生，他们受过去的种种失败与疑虑所引导和支配，他们空虚、悲观失望、消极颓废，最终只会走向失败。

成功学的始祖拿破仑·希尔说，一个人能否成功，关键在于他的心态。一个人如果心态积极，乐观地面对人生，乐观地接受挑战和应付麻烦事，那他就成功了一半。因此，生活中的每一个人，无论你处于什么样的状况下，无论何时，你都应该乐观处事，给自己希望。

人们常说，逆境与不幸能造就一个人，也能毁灭一个人，这句话是有道理的，不在绝境中发迹，就在绝境中沦落。处在绝望境地的奋斗，最能启发人潜伏着的内在力量，没有这种奋斗，便永远不会发现潜在的力量。

然而，现实生活中，总有一些人，他们总是一味地沉溺于过去发生的事情中，然后不断地抱怨、自责或者悔恨，为此，他们陷入了糟糕的情绪中，心境自然也会受到影响，这类人，总是处于迷糊和混沌的状态中，看不到未来的希望，其实，对于这类人而言，只要学会积极地思考，就会看到人生困境中的希望。

著名潜能开发大师迪翁常常在公共场合用这样一句话来激励人们："任何一个苦难与问题的背后，都有一个更大的幸福！"这是他经常提及的一句话。

他有个可爱的女儿，然而，命运就是这样无常，这个小女孩在一次意外中失去了小腿。意外发生的时候，迪翁正在韩国进行一次公开演讲，当他赶到医院、看到躺在病床上的女儿时，竟然哽咽了，一句话也说不出来，善解人意的女儿察觉出了爸爸的痛苦，就微笑着说："爸爸，你不是常说，任何一个苦难与问题的背后，都有一个更大的幸福吗？不要难过呀！这或许就是上帝给我的另一个幸福。"迪翁满是欣慰，却又很无奈地说："可是！你的脚……"

迪翁万万没想到的是，他的女儿却这样回答他："爸爸，我的脚不行，却还有双手啊！”这样一句话，让迪翁感到心酸，却也很欣慰。

两年之后，迪翁的小女儿升入了中学，而且，她还加入了学校的垒球队，并成为这支垒球队有史以来实力最强的全垒打选手。她无法直立行走，所以，她每天练习打击，以此加强肌肉力量，她明白一点，如果不打全垒打，即使是深远的安打，都不见得可以安全上垒。所以唯一的把握，就是将球猛力击出底线之外！

多么乐观的一个女孩！哪怕是失去行走的能力，也依然能如此微笑！因为她相信父亲的那句话——“任何一个苦难与问题的背后，都有一个更大的幸福”，于是，无论命运将其置于何等境地，她都能以微笑面对。

其实，生活中，失败平庸者居多，主要是他们心态有问题。遇到困难，他们总是挑选容易的倒退之路，“我不行了，我还是退缩吧。”结果陷入了失败的深渊。成功者遇到困难，仍然会保持积极的心态，用“我要；我能”“一定有办法”来激励自己。

很多年前，在美国，有个叫史蒂文的残疾人，和很多残疾人一样，他的残疾是后天不幸所致。不能正常行走的他，陷入了极度的恐惧和无助之中，他学会了喝酒度日。就这样，二十年过去了，但这一切，又在另外一场意外中改变了。

有一天，他和往常一样，从酒馆出来，准备坐轮椅回家，却碰上了三个连残疾人都不放过的劫匪，这群劫匪早就盯上了他的钱包。

当他的钱包被抢后，他拼命呐喊，试图找到一个能够帮助他的人，但这群劫匪在听到他的呼喊后，居然萌生了要杀人的念头，他们放火烧他的轮椅。轮椅很快燃烧起来，求生的欲望让史蒂文忘记了自己的双腿不能行走，他立即从轮椅上站起来，一口气跑了一条街。事后，史蒂文说："如果当时我不逃，就必然会被烧伤，甚至被烧死。我忘了一切，一跃而起，拼命逃走。当我终于停下脚步后，才发现自己竟然会走了。"

现在，史蒂文已经找到了一份工作，他身体健康，与正常人一样行走，并到处旅游。

信念的力量是无穷的，大自然赐给每个人以巨大的潜能，但由于没有进行各种智力训练，每个人的潜能从没得到过淋漓尽致地发挥。人的潜能往往是通过强力激发出来的，人人都是天才，至少天才身上的东西都有可能在普通人身上找到萌芽。

总之，只有放下沉积在心中的悲伤，学会接受现实，才能重新起航；同样，生活中的人们，不要总是以为明天胜利的光芒很遥远，只要你远离悲伤，你就能看到希望之光！

保持顽强的耐心，成功指日可待

追求事业的过程中，遭遇苦难是不可避免的，但我们每个人都有自己的选择，有的人选择抱怨，有的人选择自暴自弃，有的人选择隐忍、奋进。很多时候，我们已经忘记了还有一种东西——耐心，如果我们保持顽强的耐心，苦难就会令我们变得更坚强，成功也就是指日可待的事情了。

帕格尼尼的人生是充满苦难的：在他4岁时，一场麻疹和强直性昏厥症，差点要了他的命；7岁时，他又患上了严重的肺炎，不得不进行放血治疗；46岁时，他的牙床突然长满脓疮，只好拔掉几乎所有的牙齿；牙病刚刚好，他又染上可怕的眼疾，幼小的儿子成了他手中的拐杖；年过半百后，关节炎、肠胃炎等多种疾病又时刻吞噬着他的肌体；后来，他的声带也坏掉了，只能靠儿子按口型翻译他的思想。

但是，面对人生中这么多的苦难，帕格尼尼并没有沉沦，他不仅用独特的指法弓法和充满魔力的旋律征服了整个世界，而且还发展了指挥艺术，创作出《随想曲》《无穷动》《女妖舞》和6部小提琴协奏曲以及许多闻名世界的吉他演奏曲，可以说他是一位善于用苦难的琴弦将天才演奏到极致的奇人。

听了帕格尼尼的悲苦演绎，李斯特大喊：“天啊，在这4根琴弦中包含着多少苦难、痛苦和受到残害的挣扎着的生灵啊！”

莎士比亚曾说：“困苦永远是坚强之母。”所谓的苦难、挫折并不是白白经历的，忍耐过这些痛苦之后，它会让我们的人生绽放出最美丽的成功之花，因为忍耐力是成功的砝码。具有强劲忍耐力的人，他们从来不惧怕挫折和困难，他们甚至将挫折当作是自己人格的试金石。自己输得只剩下生命时，潜在心灵的力量还有多少呢？如果没有较强的忍耐力，就没有勇气，没有拼搏精神。只有保持强劲的忍耐力，一往无前，坚持不懈，才会在失败中崛起，奏出人生的华章。人们在面对压力和困难时会激发出巨大的潜能，但在迎难而上的同时，我们注定要经历磨难之苦，这时若没有较强的忍耐力，就无法获得成功，因此，我们说，忍耐力是成功的砝码。

凡成大事者，必须忍受得住苦难的打磨，经得起失败的打击，成功需要风风雨雨的洗礼，一个有追求、有抱负的人，总是视挫折为动力，有一句话说得好：“能受天磨真铁汉，不遭人嫉是庸才。”所以说：苦难对于天才来说是一块成功的跳板，对强者来说是一笔宝贵的财富，而对于弱者来说，就是使之坚强的臂力器。

1832年，毕业于哈佛大学的林肯失业了，他很伤心，但他下定决心要当政治家，当州议员，糟糕的是，他竞选失败了。在一年里遭受两次打击，这对他来说无疑是痛苦的。接着，林肯自己着手开办企业，可一年不到，这家企业又倒闭了。在以后的17年间，他不得不为偿还企业倒闭时所欠的债务而到处奔波，历经磨难。

随后，林肯再一次决定参加竞选州议员，这次他成功了。他内心萌发了一丝希望，认为自己的生活有了转机："可能我可以成功了！"

1835年，他订婚了，但离结婚的日子还差几个月的时候，未婚妻不幸去世。这对他精神上的打击实在太大了，他心力交瘁，数月卧床不起。1836年，他得了精神衰弱症。

1838年，林肯觉得身体良好，于是决定竞选州议会议长，可他失败了。1843年，他又参加竞选美国国会议员，这次仍然没有成功。林肯虽然一次次地尝试，却一次次地遭受失败：企业倒闭、情人去世、竞选败北。要是你碰到这一切，你会不会放弃，放弃这些对你来说很重要的事情？

林肯没有放弃，他也没有说："要是失败会怎样？"1846年，他又一次参加竞选国会议员，最后终于当选了。两年任期很快过去了，他决定争取连任，他认为自己作为国会议员的表现是出色的，相信选民会继续选举他。但结果很遗憾，他落选了，因为这次竞选他赔了一大笔钱，林肯申请当本州的土地官员。但州政府把他的申请退了回来，上面指出："做本州的土地官员要求有卓越的才能和超常的智力，你的资质未能满足这些要求。"

接连又是两次失败，在这种情况下你会坚持继续尝试吗？

你会不会说“我失败了”？林肯没有服输。1854年，他竞选参议员，但失败了；两年后他竞选美国副总统提名，结果被对手击败；又过了两年，他再一次竞选参议员，还是失败了。

亚伯拉罕·林肯在竞选参议员失败后曾说过这样一句话：“此路艰辛而泥泞。我一只脚滑了一下，另一只脚也因而站不稳；但我缓口气，告诉自己‘这不过是滑一跤，并不是死去而爬不起来’。”林肯一直没有放弃自己的追求，1860年，他终于当选为美国总统。

确实，一次失败并不会让你一无所有，相反，内心的忍耐力，会让你得到宝贵的经验去开始下一次尝试。

曾有人说：“成功的人生是痛苦与失败的交织，是磨难与顺利的交替。”命运赐给我们机遇和幸福，同时也给了我们缺憾和困难，如果我们缺乏应有的忍耐力，在痛苦与困难面前低了头，那我们也将失去机遇和幸福。因此，面对生活中的挫折和困难，不要畏缩自卑，不要怨天尤人，而要用坚强的意志和刚毅的态度对待磨难，用豁达的心态来对待生活，这样我们就会多一点希望，收获多一些幸福。

成功的人生往往是从树立卓越的目标开始的，但卓越的目标背后肯定是充满荆棘和坎坷的一条路。如果想要通过这样一条路，就必须要经受得住荆棘的刺痛和坎坷的摔打，而要想经受住这一切，就需要较强的忍耐力，这样追求成功的意志才会坚定。

忍耐力是人生不可多得的财富，拥有了这笔财富，就没有什么困难不能克服，没有什么曲折可以把人击倒。

耐住性子，不忘初心，勇往直前

施耐庵在《水浒传》中写道：“莫语常言道知足，万事至终总是空。理想现实一线隔，心无旁骛脚踏实。谁无暴风劲雨时，守得云开见月明。花开复见却飘零，残憾莫使今生留。”这段话传达了一种积极乐观、奋发向上的精神。谁无暴风劲雨时，每个人在人生的路上都会遭遇坎坷挫折，很难一帆风顺，重要的是，千万不能放弃希望，更不能一味沉沦。只要心中有希望，只要坚持不懈、持之以恒地努力，人生就一定会有柳暗花明的那一天。在现实生活中，很多人都耐不住寂寞，总是急切地盼望成功。殊不知，没有任何人的成功是一蹴而就的，在通往成功的路上，总是布满荆棘，它们刺破我们的双脚，划破我们的衣服。如果一遇到困难就放弃，那么我们永远也无法攀登人生的顶峰。大凡成功者，一定会在失意的时候不失志，得意的时候不忘形，才能不忘初心，勇往直前。

很多年轻人在创业的过程中，总是迫不及待地想要获得成功，不能够脚踏实地，而是心浮气躁。毋庸置疑，每个人都应该仰慕成功，追求成功，就像一位名人说的，不想当将军的士兵不是好士兵。人生恰如战场，你想当将军，就必须在枪林弹雨中涅槃，经历战火的洗礼。没有一个将军是从天而降的，没有浴火重生的将军不是好将军。同样的道理，侥幸获得成功的人未必能够拥有成功的人生，只有在失败面前百折不挠，从不气馁，才能成为真正的强者，才能拥有成功的人生。

对于奥斯特洛夫斯基而言，命运不但在捉弄他，而且还非常残酷地对待他。因为家庭贫困，他只读了三年书，少年时期的他，就响应祖国的号召参加了战斗。子弹是不长眼睛的，16岁的他眼睛受伤，右眼彻底失明。年仅20岁，他就已经浑身患病，卧床不起。尽管命运如此不公平，他却从未自怨自艾，他常常想：掉队是让人难以接受的事情。为了让自己跟上生命的步伐，他不但以重度残疾的身躯读完了大学课程，还阅读了大量的世界名著。正是因为对知识的渴求，他才能一路勇往直前。

受到书籍的熏陶后，奥斯特洛夫斯基的文学素养有所提高。他开始创作一部中篇小说，小说中描述了他在部队中那些英勇无畏的战友。然而，杂志社没有认可他的小说，不过，他毫不气馁，继续努力。他知道，人生必须一步一步地攀登，一步登天的事情是很少发生的。他在努力创作的同时，不得不忍受身体的病痛。他认准了目标，从未放弃，直到1932年，他才完成了《钢铁是怎样炼成的》。这本书成了一代青年的精神食粮，鼓舞年轻人以钢铁般的意志面对生活的挫折和苦难。自此，他找到了新的战斗方式，用书籍唤醒人们心中的力量，从此之后，他以笔为枪，开始了新的战斗。作为一名战士，他用枪战斗；作为一名作家，他用笔战斗，他的一生过得充实而有意义！

奥斯特洛夫斯基说：“人最宝贵的是生命。生命对于每个人只有一次，一个人的一生应当这样度过：当他回忆往事时，不会因为虚度年华而悔恨，也不会因碌碌无为而羞愧；在临死时，他能够说：‘我的整个生命和全部精力，都献给了世界上最壮丽的事业——为人类的解放而斗争。’”奥斯特洛夫斯基的确如自己所说得那样度完了一生，他的一生是战斗的一生，是勇敢无畏的一生。虽然命运对他如此残酷，他却从未埋怨命运的不公。相反，他始终默默地努力，坚持自己心中的梦想。

年轻人，千万不要畏惧生命中的挫折。正是因为有了它们，你们才会拥有钢铁般的意志，在各种磨难面前，始终坚持梦想，无所畏惧。

人生总是布满荆棘，即使被刺破脚掌，我们也不能停下行走的脚步。每个人都渴望成功，然而，成功从来不会从天而降，只有努力奋斗，成功才会属于你。有梦想，就不会放弃希望，梦想是我们的引航灯，帮助我们在人生的海洋上辨明方向。

命运的真谛是让我们在挫折和磨难中变得强大

我们仰望天空，会看到苍鹰在辽阔高远的天空中翱翔。我们羡慕鹰的自由与洒脱，却不知道苍鹰是经历了无数次摔下山崖的痛苦，才拥有了展翅翱翔的翅膀。我们欣赏圆润的珍珠，它们那么光滑润泽，就像凝聚了天地之间所有的灵气，却不知道，它们是蚌的肉体经历了无数个日夜的痛苦，才磨砺出来的。我们仰慕伟人的成功，却不知道他们在年轻的时候也曾备受磨难，是一次次摔倒之后爬起来的勇气和毅力，造就了他们的今天。正如周华健在那首歌里唱的："不经历风雨，怎能见彩虹？没有人能随随便便成功。"

1972年，21岁的史铁生从延安回到北京，双腿瘫痪，再也没有机会感受行走和奔跑的力量。然而，他以永不屈服的精神，站了起来。他不停地写作，用自己的残疾身躯，给无数文学青年的生命注入力量。在音乐史上，也有一位扼住命运咽喉的伟人。他虽然失去了视力和听力，再也看不见五线谱，听不到雄浑悲壮的音乐，但是他用生命谱写了乐章，向命运发起了不屈的反抗。他，就是贝多芬。纵观人类历史，有很多伟大的人都曾经遭遇命运的捉弄。他们都曾经被绊脚石绊倒，在人生之路上摔得鼻青脸肿，但是最终都选择勇敢坚强地爬起来，继续前行。正是因为这种永不屈服的精神，他们才获得了成功。虽然我们都是普通人，但是人生的道理都是相同的——不经历风雨，怎能见彩虹？

命运有的时候对待我们很宽容，有的时候就像一个顽皮的孩子，瞬间就把人们捉弄得哭笑不得。就像跳马冠军桑兰，之前还在为争夺奥运冠军而努力练习，转眼之间却因为高位截瘫而不得不锻炼自己的自理能力。这就像是一只鸟儿，前一刻还在天空自由自在地飞翔，后一刻却不得不变成泥泞中的落汤鸡，甚至无法从泥泞中抽身而出。这是多么残忍的捉弄啊！然而，没有人能够抗拒这种捉弄，如果我们歇斯底里，不知道如何面对，等待我们的就将是更大的悲惨遭遇。只有不屈不挠，昂然屹立，我们才会知道命运的真谛原来是让我们在挫折和磨难中变得更加强大。

作为中国著名的体操运动员，桑兰曾经被称为“跳马王”。但是，正当她的事业如日中天的时候，她因为在美国的一次赛前训练中意外受伤，变成高位截瘫的残疾人。难以想象这是多么残忍的打击，对于一个花季少女来说，她转眼之间就失去了翅膀。尽管社会各界和医护人员都在竭尽全力救治桑兰，她却难以摆脱厄运的侵袭。桑兰非常坚强，虽然遭此厄运，她却从未痛苦流泪。当伤痛渐渐平静，她依然笑容灿烂地出现在公众面前。回到祖国的怀抱之中后，桑兰的梦想从奥运夺冠，变成了自理。她每天都努力地练习穿衣服、洗脸刷牙，还依靠自己的力量从轮椅上挪动到床上。能够基本自理之后，她毫不消沉，很快就学会了英语，还学会了操作计算机。既然结束了运动生涯，她就张开怀抱迎接自己的新生活：学习。她依靠自己的实力考入清华大学附中，从此之后，她开始勤奋学习文化知识，抓住一切学习的机会充实自己。

尽管需要依靠轮椅活动，桑兰却有着博爱的心。她心怀大爱，总是竭尽所能地帮助和关爱弱势群体。听说桑兰的事迹后，很多执迷不悟的年轻人变得积极正向，重新规划人生。在桑兰身上，我们能看到生命的顽强不屈。桑兰不但在突如其来的灾难面前重新规划了人生，还凭借顽强不屈的毅力赢得了丈夫的爱。桑兰于2013年结婚，于2014年春成功生下儿子。如今的桑兰，是一个完美的女人，人生没有任何的遗憾。

在中国和美国，有很多人都知道桑兰。在17岁的花季，这个女孩高位截瘫，可以想象，她承受了多么沉重的打击。如果不是有着坚强的意志和顽强的毅力，她也许会选择轻生。面对这生命不能承受之重，桑兰选择了勇敢面对。

在生命之中，每个人都会遭遇很多磨难，有些人比桑兰幸运得多。所以，不要抱怨，更不要放弃，只要我们的心中有希望，生活就会回报我们以笑脸。

“宝剑锋从磨砺出，梅花香自苦寒来”。很多时候，我们要想争取幸福，就要坦然面对生活的磨难。每个人在生活中都会有不如意的时候，我们应该学会排解自己的情绪，让自己更加坚强乐观。生命的力量非常强大，强大到超出我们的想象，很多看似过不去的坎，只要你坚持不懈、永不放弃，就会成为人生之中宝贵的经验。

看似不可逾越的困难，也总会过去

常言道，“世上无难事，只怕有心人”。即使火焰山那么烈焰灼天，孙悟空还是借来了铁扇公主的芭蕉扇，顺利翻山越岭。在生活中，每个人都应该是七十二变的孙悟空，即使遇到千难万险，也始终能够不忘初心，不离不弃地陪伴师父到西天取经。我们每个人也有自己的目标，在人生路上，正是这目标，不断指引我们前进，奋发进取。在生活中，常常有些人一遇到困难就会产生严重的畏难情绪，根本不知道如何去应对。其实，兵来将挡，水来土掩，不管遇到怎样的困难，只要我们摆正心态，正面面对，困难总会过去的。

从本质上来说，人生就是攀登的过程。我们经过努力，爬上一个顶峰，然而，很快又会有更高海拔的山峰在等着我们。如果遇到困难就放弃，那么我们永远也无法抵达成功的顶峰。在遇到看似不可逾越的困难时，一定不要急于否定自己。俗话说，条条大路通罗马，每个人只要用心思考，即使这条路走不通，也会有其他的路能够到达目的地。重要的是，我们应该心中怀有希望，这样才能坚持不懈地努力。生命不止，奋斗不息，每个人的人生要想不断进取，就要坚持不懈，持之以恒。

大学毕业后，静静的生活几乎陷入了谷底。刚开始的时候，她去了乡镇的一所初中当老师，虽然日子枯燥乏味，但是还好有孩子们相伴，倒也能熬得过去。然而，有些家长真的是不明事理，有一次，静静把孩子留在学校辅导作业，家长竟怒气冲冲地找上门来，把她狠狠地说了一顿。从那以后，静静在教学上的心气儿就低了，如果自己的付出得不到家长的认可，自己起早贪黑还有什么意思呢？她渐渐动了辞职的心思，没过多久，同学给她介绍了一个男朋友，在上海工作。虽然工作算不上高大上，只是个监理工程师，但是静静依然同意了。毕竟，一旦结婚，她就可以理所当然地离开这个穷乡僻壤。为了改变命运，虽然对那个男生没有感情上的一见钟情，静静还是迅速地与他结婚了 。

结婚之后，静静如愿以偿地跟随爱人来到了上海，一心一意地想把生活经营好。太仓促的婚姻总是会存在很多问题，没过多久，静静就发现她的爱人其实还和前女友有联系。为此，他们三天一小吵，五天一大吵，最终，他们离婚了。看着自己在一年前还有稳定的工作，还是自由的女孩，如今不但辞职了没有工作，而且还变成了离婚的女人，静静不由得潸然泪下。然而，无论怎么发愁，生活终究要继续往前奔。静静找了一份销售的工作，虽然很辛苦，但是付出终究有回报。几个月之后，静静就有了销售业绩，拿到了生平第一笔巨额工资，八千多块钱。虽然金钱不是万能的，但是没有金钱是万万不能的。静静从高工资上看到了希望，因而更加努力地工作，想要凭借自己的勤奋在上海立足。归根结底，静静不想再回到家乡，接受人们关切的同情和怜悯。艰难的日子只持续了两年多，静静居然凭借良好的销售业绩升为主管了。后来，她在上海买了房子，还把父母也接到了身边。因为被静静的勤奋和努力以及自强不息的精神所吸引，在知道静静的遭遇后，李强依然毫不犹豫地爱上了她，完全接纳了她的过去。如今，静静毫无疑问是人生赢家，在上海安居乐业，事业有成。

在最低谷的时候，静静一定觉得自己前途迷茫，毫无希望。然而，她唯一能做的就是努力活下来，只要活着，就有希望。静静肯定从未想过自己能挣那么多钱，然而，她借助于结婚的契机来到上海，找到了人生的舞台，这就是命运的奇妙之处。

年轻人，你们是否也曾有过这样的时刻，觉得自己的生活万分艰难，简直无以为继。这种情况下，千万不要伤心绝望，更不要因此而放弃自己的人生。只要你心存希望，勇敢而又坚强地活着，命运就一定会赐予你惊喜，给你意想不到的回报。

每个人的一生都会遇到很多困难，这些困难有的轻而易举就能解决，有些却看似不可逾越，无论如何，我们都只能选择面对。再艰难的日子，随着时间的流逝，也会有结束的时候，只要活着，就有希望。年轻人应该积极主动地面对困难，而不是在困难面前畏缩不前。

第10章

无须抱怨，苦难对每个人都是一样公平的

在追求梦想的道路上，我们常常会遭受不同的挫折与苦难，面对苦难，人们有着不同的理解，有人说苦难是人生道路上的绊脚石，有人却说是垫脚石，自古以来许多卓有成就的人，大多是抱着不屈不饶的精神，忍耐枯燥与痛苦之后，从逆境中奋斗挣扎过来的。所谓“百糖尝尽方谈甜，百盐尝尽才懂咸”，与此一样，人生也需要经历洗练才会更美丽，经过枯燥与痛苦之后，才能收获成功的果实。

靠自己的力量战胜人生的艰难困苦

我们都知道，人生路上，挫折总是难免的，在追求梦想的过程中更是如此，我们得到的不可能全是掌声和鲜花，成功和荣誉，更多的是泪水和挫折，而我们只有树立正确的挫折观，才能增强自己的抗挫折能力。事实上，艰难困苦对于每个人来说都是一样公平的，我们只有经历一些失败，才能逐渐增强心理承受能力，面对日后人生路上的种种失败，生活中的种种不如意，才不会一蹶不振。

事实上，人生本来就是一场面对种种困难的“无休止挑战”，也是多事多难的“漫长战役”，这场战役必须由我们每个人自己去打，其他人是无法代替的。你若总是缺乏主动性和信心，那么，你的这场人生之战最终只会失败。

曾经有个一周岁左右的小男孩，被年轻的妈妈牵着小手来到公园的广场前，这个广场上，有个几十个阶梯的台阶，母亲原本准备牵着小男孩上台阶，但没想到的是，这个小男孩居然挣开了母亲的手，要自己爬上去。

然而，台阶实在太高了，当他爬了几个台阶以后，他觉得很害怕，就回头看看妈妈，结果妈妈还是站在原地，也没有要抱他的意思，只是给了他一个鼓励的眼神。于是，他回过头来，继续爬，尽管很吃力，但他手脚并用，最终还是爬上去了，直到这儿，年轻的妈妈才过去将儿子抱起来，并在儿子的脸蛋上狠狠地亲了一口。

这个小男孩，就是后来成为美国第16届总统的林肯，他的母亲便是南希·汉克斯。

林肯出生在一个贫困的家庭，父亲是个农民，林肯接受过的正规教育的时间，加起来还不到一年，但他热爱知识、努力、上进、正直。没有好的学习条件，他就自己创造，他曾用小木棍在地上写字，不放过任何一个学习的机会。后来，林肯做过很多工作，当过工人，当过律师，也失业过。他从29岁起，开始竞选议员和总统，前后尝试过11次，失败过9次。在他51岁那年，他终于问鼎白宫，并取得了辉煌的业绩，被马克思称为“全世界的一位英雄”。

母亲南希在林肯9岁那年不幸病故，但毫无疑问，她用坚强而伟大的母爱抚养了林肯，使他勇敢而坚定地走向未来。

我们成长的过程就像上台阶，随着时间的推移，你爬上的台阶会越来越多。显而易见，在这过程中也会遇到这样那样的困难，每一个困难都需要我们自己去解决和应付，如果被他人搀扶着走，那么，我们最终就会产生依赖性，甚至难以自立，更难立足于社会。

其实，困难就是一条欺软怕硬的走狗。你越畏惧它，它越威吓你；你越不将它放在眼里，它越对你表示恭顺。这个简单的道理我们每个人都懂，但说到面对困难，似乎那些刚出世没多久的小孩反倒比大人更勇敢。孩子们敢和鳄鱼拥抱，和巨蟒共舞，因为无惧，所以无畏。

库雷曾说：“许多人的失败都可以归咎于缺乏百折不挠、永不放弃的战斗精神。”的确，我们发现，一些人或满腹经纶，或能力超群，但他们同时拥有一个致命的弱点，那就是缺乏一种抗打击的能力，往往一遇到微不足道的困难与阻力就立刻裹足不前，没有韧性，遇硬就回，遇难就退，遇险就逃。因此，终其一生，他们只能从事一些平庸的工作。一个人跌倒并不可怕，可怕的是跌倒之后爬不起来，尤其是在多次跌倒以后失去了继续前进的信心和勇气。不管经历多少不幸和挫折，内心依然要火热、镇定和自信，以屡败屡战和永不放弃的精神去对付挫折和困境，如此，你就会不断强大起来。

事实上，人们驾驭生活的能力，是从困境中磨砺出来的。和世间任何事情一样，苦难也具有两重性。一方面它是障碍，要排除它必须花费更多的力量和时间；另一方面它又是一种肥料，在解决它的过程中能够使人得到更好的锻炼。

李国豪教授是我国桥梁和力学方面的权威人士，在文革期间，他被隔离了，在隔离室，他没有书籍、纸笔，也没有学习资料，但是还有报纸，于是，报纸上那些稍微有点空白的地方，都成了他的演算文稿，而妻子的发夹、孩子的乒乓球网成了他的实验工具。

那段时间，他经常要被带出去审讯，但就是在那样艰苦的环境下，他居然顶住了各方面的压力，写出了一本长达十万字的专著《桁梁扭转理论——桁梁桥的扭转、稳定和震动》，填补了一项世界桥梁建筑学上的空白。

从李国豪教授的经历中，我们应该受到启发：人生没有过不去的坎，跌倒了再爬起来，重新整理好自己，勇敢地去迎接挑战，就能赢得属于自己的辉煌。而如果你本身承受能力较弱，就应该学会确立切合实际的目标，制订由低到高、由易到难的计划，不断地看到自己的进步，从而逐步形成克服困难和挫折的能力。

逆境总是吞噬意志薄弱的失败者，而常常造就毅力超群的事业成功者。磨难是魔鬼，夺走了你的光明，磨难也是天使，是一座深不可测的宝藏。要想在逆境中赶走魔鬼、拥抱天使，最重要的美德就是坚韧。你若怕苦，就不会成功，就不会搞好学习，遇到困难就会后退，悲观地对待生活，这样很难适应竞争的社会。

总之，身处困境中，我们每个人都会心存不快，甚至抱怨命运的不公，但不正是这些折磨和困难才让我们成长得更为干练吗？因为人们驾驭生活的能力，是从困境生活中磨砺出来的。

与其哀怨，抱怨出身不如积累实力

我们不难发现，大凡做出一些成就的人，他们的成功之路都不是一帆风顺的，他们必定会经受一些磨难，吃尽苦头，然后才能等到出头之日，一鸣惊人。在这个过程中，他们不断地忍耐着痛苦与辛酸，精神上的，身体上的，那些痛彻心扉的日子，他们咬着牙，将滴落的血吞进肚子里。有时候，为了完成自己心中的理想，他们可能需要寄人篱下，甚至遭人白眼，受人讽刺，但他们都忍耐了过来，在这个过程中，他们好像在委曲求全，实际上却是运筹帷幄，因为他们知道，只需要等到可以出头的那一天，一旦到了有利的时机，就可以将所有的计划付诸于实践。那么，自己以前所受的所有苦难都是值得的，因为它们已经凝结成了耀眼的成功光环。所以，我们可以说，任何人，与其活在哀怨的苦难中，不如努力向前，积累一飞冲天的力量。

欧洲有一位艺术家，要画一幅耶稣的画像。由于耶稣是上帝的儿子，代表着神圣的形象，应该画得庄严肃穆，所以这位画家便四处寻找，最终找到一位相貌很好的模特儿，并且完成了这幅千古佳作，受到了举世的赞扬。

过了几年，有人提议，光有这幅惟妙惟肖的耶稣画像还不够，不能显现耶稣的伟大——如果再画一张魔鬼撒旦的像和此相比照，效果一定更好。可是面貌长得像魔鬼的人要到哪里去寻找呢？最后只好到监狱找一个面相凶恶的囚犯做对象。

当画家为囚犯画像时，这个囚犯突然掩面哭泣起来，画家就问他说："你怎么哭了呢？"

"我是触景伤情，忍不住悲伤才哭的。"

"什么事让你如此痛心呢？"

"几年前我也曾经是你的模特儿，想不到数年后我又遇到你，可是人生的境遇已完全两样！"原来，这个囚犯就是先前充当耶稣画像的模特儿的那个人。

画家听了大吃一惊说："你的相貌怎么变得如此凶狠可怕呢？"

囚犯说，当时他得了这笔奖金，吃喝嫖赌，做尽坏事，甚至以身触法，坐进牢狱，相貌也因此变凶恶了。

相随心转，你的心可以让你变耶稣，也可以让你变撒旦，就只看你自己了。

这个故事告诉所有人，命运的主动权掌握在我们自己手里，最终成为"耶稣"还是"撒旦"，由我们自己决定。

有这样一句名言："高贵快乐的生活，不是来自高贵的血统，也不是来自高贵的生活方式，而是来自高贵的品格——自立精神，看看那些赢得世人尊重、处处施展魅力的高贵的人，我们就知道自立的可贵。”

在许多时候，成功者与平庸者的区别，不在于能力的大小，而在于是否有勇气，有勇气的人就能披荆斩棘，勇往直前，平庸者则只能畏首畏尾，知难而退。爱默生说：“除自己以外，没有人能哄骗你离开最后的成功。”柯瑞斯也说过：“命运只帮助勇敢的人。”

生活中的我们，也应该有一种不服输的精神，所以，无论做什么，都拿出你的勇气吧，“从来就没有什么救世主……幸福全靠我们自己”，这是板上钉钉的真理。即使你在生活中遇到困难甚至是身处逆境，也不必太在意，因为你无法更改存在着的铁一样的事实。如果你太在意，不经意就会钻进“牛角尖”，就会得不偿失。对此，办法只有一个：你只能学缸中豆芽、学石压的小草，慢慢发芽和吐绿，用顽强不息的精神与命运抗争。说不定会在哪一天的清晨里，当你疲惫不堪、醉眼朦胧时就会惊现，在絮云被狂风卷走般不见的天际，突然现出柔美淡红的一弧弧曲线，那便是云开雾散、璀璨的阳光到来之际。

然而，现实生活中，总有人一味沉溺在已经发生的事情中，不停地抱怨，不断地自责，这样一来，将自己的心境弄得越来越糟。这种对已经发生的无可弥补的事情不断抱怨和后悔的人，注定会活在迷离混沌的状态中，看不见前面一片明朗的人生。之所以这样，就是因为经历的磨炼太少，正如俗语说的那样：天不晴是因为雨没下透，下透了，也就晴了。

富兰克林·德拉诺·罗斯福总统39岁时，一场高烧使他染上了小儿麻痹症。这突如其来的灾难差点把他打垮。开始时他不肯接受这一残酷而不容改变的事实，不断作着一些无谓的挣扎，结果带给他的是一个又一个无眠的夜晚。终于，在经过一段时间的自我斗争后，他无奈地接受了现实，开始以顽强和乐观的态度适应它。他下肢瘫痪并从此终身与支架或轮椅相伴，他把这飞来的横祸当成上帝早已预定的命运之约。生理的残疾没有使他性格乖戾和愤世，在此后的生命中的各个时段里，他以乐观和坚强赢得了那些政敌的肯定。

尘世之间，变数太多，事情一旦发生，就绝非一个人的心境所能改变。伤神无济于事，郁闷无济于事，一门心思朝着目标走，才是最好的选择。相反，如果跌倒了就不敢爬起来，不敢继续向前走，或者就此决定放弃，那么你将永远止步。生活中的人们都应该记住：我们的命运由我们的行动决定，而绝非由我们的出身决定。每个人的起点并不能决定其人生结果，在这个世界上，永远没有穷、富世袭之说，也永远没有成、败世袭之说，有的只是我奋斗我成功的真理。我们都应该坚信，我们的命运由我们的行动决定，而绝非由我们的出身决定。

实现梦想，从改变自己开始

很多人都抱怨命运的残酷，却从未想过应该从自身出发勇敢求变，这样才能让一切都随之改变。还有很多人狂妄自大，总是自我感觉良好，以为自己就是世界的主宰。其实在茫茫宇宙中，你连一粒沙都算不上，又如何能让一切都顺遂你的心意呢？还有很多人拥有远大的理想，恨不得藐视所有人，殊不知你真的很平庸。任何远大的理想和梦想，都要落实到实处，才能真正地变成现实。一屋不扫，何以扫天下？不管梦想多么高远，最终都需要点点滴滴地付出。

当你注视着镜子里那个最熟悉也是最陌生的自己时，是否生出些许惆怅？我们自以为是地过了这许多年，却蓦然发现一切其实并不在我们的掌握之中。实现梦想，从改变自己开始，刻不容缓。

一条孱弱的小河哗哗啦啦地从高山上奔腾而下，它非常勤奋，永不停休，穿过了森林，流过了草地，环绕过村庄，最终来到了一片荒瘠的沙漠。小河很高兴地想：太好了，我终于走过了所有的坎坷，来到了广袤的地方。我一定能够很快地穿过这里，汇聚大海。想到这里，小河高兴地笑起来，毫无防备地朝着沙漠奔腾而去。突然间，它感到自己的身体变得越来越轻，原来，它被干旱的沙漠吸收了。不管它怎么努力，都无法成功地从泥沙中找回自己，它渐渐地感到绝望。

看到小河伤心的样子，沙漠缓缓地说：“微风轻轻地就能吹拂过我，你应该也可以。”听到沙漠的鼓励，小河依然伤心欲绝：“但是，我很快就会干涸，消失进泥沙里。”沙漠坚定地说：“只要你愿意，你一定可以找到更好的方式，保留你自己。”沙漠里的骄阳很快就开始蒸腾小河，小河惊讶地发现自己的一部分身体变成了气体，漂浮在空中。它欣喜地喊道：“有了，我可以变成水汽，跟随微风飘过去，这样泥沙就无法吸收我了。但是，这样我还是我吗？”沙漠笑了，说：“等你飞过沙漠，你还可以变回原来的样子啊！改变，是为了更好地存在，而不是为了消失。”沙漠的话让小河怦然心动。它鼓起勇气，勇敢地改变自己，果然很快就飞过了沙漠。等到了适当的时候，水汽再次凝聚成水珠，小河融汇到了更宽阔的河流里，变得更加雄壮有力了。

面对沙漠贪婪的吮吸，小河如果拒绝改变，就会完全浸入到泥土中，彻底地失去自我。幸好，在沙漠的启发下，小河勇敢地改变自己，不但成功飞过沙漠，还汇聚到一条更宽阔的河流里，增强了自己的力量。这个故事告诉我们，不管你的梦想多么远大，如果不能处理好眼前的紧急事情，或者无法做好那些身边的小事情，你就会距离梦想越来越远。

人在一生中，永远不可能一帆风顺。每个人，或多或少都会遇到各种各样的坎坷和挫折。当现实残酷地摆在我们的面前时，如果我们不能改变现实，那么就要从自身出发，努力地改变自身以适应外界社会，唯有如此，我们才能更好地生存。

很多人会觉得，自己一旦改变，就会失去本来的面目，变得不像自己，就像小河的担心一样。实际上，无论形态怎么改变，只要你坚持内心不变，你就永远都是你。面对无法跨越的障碍，我们是义无反顾地英勇就义，还是作出改变保全自己，相信聪明如你一定能够作出理智的决断。如果你依然很担心，那么你不妨扪心自问：我的本质是什么？我需要坚持的是什么？我的目标是什么？我的梦想对我而言究竟有多重要？当这些问题得到解答，你会发现其实生命的形式有很多种，而并非拘泥于一种。当某种形式能够帮助我们更好地存在，更好地实现梦想时，那么这种形式就是合理的，就是值得我们认可和接受的。记住，形态的改变不会影响本质，做人做事寻求最恰到好处的方式，也不会改变你的本质。合适的才是最好的，这句话在我们的人生中永远适用。不管是黑猫白猫，能够抓住老鼠的才是好猫。同样的道理，不管是什么方法，能够帮助你战胜残酷的现实、实现人生理想的，才是真正的好方法。行动起来吧，只有行动，才能助你更加接近成功！

抱怨毫无意义，此刻就开始改变

一个老奶奶有两个女儿，大女儿卖伞，二女儿卖鞋。每到下雨的天气，老奶奶就愁眉苦脸，因为她很担心二女儿的鞋子卖不出去。每到晴朗的天气，她也高兴不起来，因为她很担心大女儿的伞卖不出去。邻居看到老奶奶终日眉头紧锁，总也高兴不起来，因此劝慰老奶奶："奶奶，我觉得下雨天您应该高兴，因为您的大女儿生意一定很好。到了天气晴朗的时候，您也应该高兴，因为您二女儿的鞋子一定卖得很快。总而言之，您家里每天都有钱赚，您应该每天都开开心心的。"在邻居的劝解下，老奶奶想通了这个道理，果然之后的每一天都很快乐。

从这个小故事中我们不难看出，境由心生，很多事情都是由心态决定的。老奶奶之前之所以郁郁寡欢，是因为她总是想着不开心的事，而当想到不管艳阳高照，还是阴雨连绵，大女儿和二女儿都有钱可赚时，她就高兴起来了。

要想拥有从容豁达的人生，我们就要改变心态。唯有心态改变了，我们才能以平和之心对待万事万物，从而使自己变得宽和从容。很多人的一生之所以总是局促不安，就是因为他们的心很浮躁，古人云，境由心生，这句话是很有道理的。面对生活的困厄，大多数人都在抱怨，因而郁郁寡欢，最终导致事情更加朝着反方向发展。相反，当你的内心充满阳光时，你所看到的一切也会瞬间阳光明媚起来。归根结底，抱怨对于事情的发展不会有任何积极的影响和作用，只会使事情越来越糟糕，使心情越来越阴郁。我们唯有不再抱怨，当机立断，此时此刻就开始改变，才能收到立竿见影的效果，马上调整局面，迎接未来。

从记事开始，林欢和林乐就对爸爸的酗酒心有余悸。他们的爸爸是个酒鬼，刚开始时只是爱好喝酒，后来酒瘾越来越大，直至每天都会喝得醉醺醺的，不是骂孩子，就是打老婆。在这样恶劣的家庭环境中长大，欢欢和乐乐简直毫无乐趣可言，几乎每天都是提心吊胆地度过。同龄的孩子遇到为难的事情就有爸爸出来撑腰，而他们根本不敢告诉爸爸，生怕爸爸因此找到借口借酒浇愁，他们简直觉得人生失去了希望。然而，无论日子多么艰难，总要一天一天地往前过。转眼之间，欢欢和乐乐都长大成人了，而且也一起离开了家，外出打工，开辟自己的天地。

十年过去了，现在的欢欢和乐乐生活得怎么样呢？当年迈的妈妈因为不放心兄弟俩，特意千里迢迢地奔赴遥远的城市看他们时，简直大吃一惊。妈妈首先去了欢欢家，欢欢家里乱极了，妈妈到的时候，欢欢正在和妻子激烈地争吵，孩子吓得蜷缩在角落里，根本不敢出声。看到欢欢醉醺醺的样子，妈妈恨铁不成钢地说：“欢欢呀，欢欢，你怎么能和你爸爸一样呢！难道你忘记了你小时候吃的那些苦受的那些罪了吗？”欢欢不以为然地说：“我从小在那样的家庭里长大，我的爸爸是个酒鬼，你还指望我能怎么样？”妈妈伤心极了，连口水都没喝，就去了小儿子乐乐家。打开门，妈妈首先看到，租来的房子虽然窄小局促，但是乐乐的家非常干净整洁。为了迎接妈妈的到来，乐乐正和妻儿一起包饺子呢！他们全家人有说有笑的，让妈妈心里瞬间乐开了花，妈妈感慨地说：“乐乐呀，你哥哥要是和你一样就好了，能把日子过得有了眉目，妈妈就有盼头了。”乐乐懂事地说：“妈妈，我小时候就因为爸爸吃足了苦头，我可不能再让我的孩子也和我一样，提心吊胆地度过童年。”

在这个事例中，欢欢和乐乐是兄弟俩，对于酗酒的爸爸，他们感同身受。然而，在长大成人拥有自己的家庭后，欢欢变得和爸爸一样，因为他的心里始终在抱怨爸爸，憎恶家庭。而乐乐呢，他吸取爸爸的教训，发誓不让自己的孩子重蹈覆辙。因而，他清醒地做人，认真地做事，滴酒不沾，只为了给孩子一个幸福快乐的家。

同样的人生经历，却给这兄弟俩带来了截然不同的命运。欢欢活在抱怨里，乐乐则始终在努力地改变和完善自己，所以才能拥有幸福美满的生活。抱怨，就像是一个赌咒，只会蒙蔽我们的心，让我们再也无法坦然地面对生活。改变，就像是希望之光，给我们原本阴云密布的生活带来积极的变化。任何时候，面对苦难，我们都不要一味地抱怨，只有从现在开始改变，只有坦然积极地化解苦难，我们才能迎来美好的未来。

从某种意义上来说，面对苦难所作出的反应，与一个人的心智是息息相关的。心智低的人，总是被动地接受生活赐予的一切，无法超越自己的本能，无法拒绝随波逐流。相反，心智高的人则能够进行理智的思考，从而权衡利弊作出决断，最终帮助自己摆脱心中的囚牢，勇敢地放飞自己的心灵。人，总不可能是一帆风顺的，任何时候，我们都要拥有自己的思考，作出自己的选择。认知的不同，导致我们对待外界的反应也截然不同，因此，我们在生活中应该尽量丰富自己的经历，多多积累生活的经验，帮助自己提升心智，让改变就从这一刻开始吧！

坚持不懈，就能看到希望

冬天已经到了，春天还会远吗？罗莱的《西风颂》中的这句话，给予了无数人面对艰难困境的力量和勇气。的确，现实生活中每个人都难免遭遇绝境，在当时也许会觉得自己根本无法成功地渡过难关，甚至为此变得颓废沮丧，放弃希望。殊不知，在勇敢者面前，人生是没有绝境的。不管境遇多么艰难，只要我们始终不放弃希望，坚持不懈地努力，就一定能够迎来柳暗花明又一村的欣喜。

但是，假如我们在苦难面前退缩了，自己因为承受不住主动放弃了，那么我们就没有希望熬过命运的考验，也许生命会就此戛然而止。这样的怯懦，是对生命的亵渎，是不该在勇敢者身上出现的。

曾经，有两个人结伴在沙漠里行走，因为天气炎热，又没有足够的饮用水，其中一个人很快就中暑了，倒地不起。这时，另一个人把他转移到阴凉的地方，并且为他留下了一把手枪，说："枪里还有五颗子弹，你每隔四个小时就打一枪，我会根据枪声的指引带着水回来找你。"眼看着天色渐渐晚了，中暑者绝望地倒在地上，他既不相信同伴能找来水，也不相信同伴会按照约定回来拯救他的生命。他绝望地每隔四个小时就放一枪，直到还剩下一颗子弹时，他没有对空鸣放，而是选择结束了自己的生命。很快，他的同伴就带着一个驼队赶回来救他，但是只看到了他的尸体。

不得不说，沙漠中的这个中暑者是怯懦的。他自己放弃了希望，甚至没有进行任何努力和尝试，所以才会失去生机。倘若他能继续耐心地等待，或者坚强地选择活到人生的最后一刻，结局就会截然不同。相反，他去寻找水的同伴则是人生的强者，也是勇敢无畏的人，所以他才能独自一人在沙漠里行走了整整一天，最终也没有放弃希望，而是如约带着水回来拯救自己的同伴。他是值得钦佩的勇敢者，也是信守诺言的好朋友，所以才能突破人生的绝境，拯救自己的生命。

西方有位著名的思想家说："假如你的心中充满希望和勇气，你在人生的路上勇往直前，那么全世界都会在你面前退让。"这句话形象地告诉我们，勇气拥有强大的力量，对于我们的人生也必然起到积极正面的作用。在勇敢者的心中，没有真正的绝境，不到生命的最后一刻，他们绝不会放弃努力。很多朋友都喜欢看好莱坞的大片，我们会发现，大多数大片的情节中，主人公都如同打不死的小强一样，被打倒了就再站起来，只要一息尚存，就绝不认输，这就是典型的勇敢者的表现。当然，勇敢者也并非都表现在用之不竭的体力上，很多时候心中怀有希望也能够帮助我们变得勇敢坚强，无所畏惧地面对人生。

发生第二次世界大战之后，德国尽管是侵略国，但是自身也付出了惨重的代价。他们的国土满目疮痍，遍地狼烟，民众失去了自己的家园，全都躲藏在地下室里过着艰苦的生活。作为社会学家，波普诺特意带人去德国进行考察，也去了地下室进行参观。参观结束后，波普诺问身边的人："你们觉得德国还能强大起来吗？"有个随从不假思索地回答："很难，德国人处境堪忧。"不想，波普诺却斩钉截铁地说："他们一定能让德国再次发展壮大。"大家都觉得很不理解，因而异口同声地问："为什么？"波普诺说："每到一处人家，我都非常认真地观察他们家中的摆设。你们有没有发现他们的桌子上摆放着什么？"一位随从努力回忆，说："似乎每家都有鲜花。"

波普诺感慨地说："是的，每家每户即便衣不蔽体，食不果腹，也会在桌子上插上一瓶鲜花。正是那束鲜花，给他们残破的生活带来了勃勃生机，这说明他们的心中还燃烧着希望。这样的民族一定具有顽强的生命力，一定能够在这满目疮痍的废墟之上重新建立家园。"

在经历了残酷的战争之后依然能够满怀希望地面对生活、在遭遇生活的坎坷绝境时依然不忘在桌子上摆放一瓶鲜花的民族，必然有着超强的生命力，也必然有着勇敢者的胆识气魄和顽强毅力。假如他们不能重建家园，还有谁能做到呢？如今的德国能够傲然屹立于世界民族之林，和当年每户人家摆放在地下室桌子上的鲜花也不无关系。人生也恰恰如同二战后的德国，面对着千疮百孔的大地，面对着处境艰难的生活，我们也应该给自己的桌子上摆放一瓶鲜花，帮助自己鼓起重新面对生活的勇气。

也许有的朋友会说，难道绝望是值得讴歌的吗？当然不是，没有人希望自己的人生面临绝境，然而遇到困境又是生活中不可避免的。因而我们唯有怀着勇敢者的精神，积极地面对人生中的困境，才能真正迎难而上，超越困境，实现人生质的飞跃。

参考文献

[1]沐木.苦只会苦一阵子，怕就会输一辈子[M].沈阳：辽宁人民出版社，2016.

[2]小川叔.努力，才配有未来[M].长沙：湖南文艺出版社，2015.

[3]景天.别在吃苦的年纪选择安逸[M].南昌：江西教育出版社，2016.

[4]墨陌.只要坚持，梦想总是可以实现的[M].南京：南京出版社，2016.

[5]刘仕祥.在最能吃苦的年纪，遇见拼命努力的自己[M].深圳：海天出版社，2016.